Série A, N° 533
N° D'ORDRE
1255

THÈSES

PRÉSENTÉES

A LA FACULTÉ DES SCIENCES DE PARIS

POUR OBTENIR

LE GRADE DE DOCTEUR ÈS SCIENCES NATURELLES

PAR

Denis BROCQ-ROUSSEU

VÉTÉRINAIRE EN PREMIER AU 8ᵉ RÉGIMENT D'ARTILLERIE

1re **THÈSE**. — RECHERCHES SUR LES ALTÉRATIONS DES GRAINS DES CÉRÉALES, ET DES FOURRAGES.

2e **THÈSE**. — PROPOSITIONS DONNÉES PAR LA FACULTÉ.

Soutenues le 11 Mars 1907, devant la Commission d'examen

MM. GASTON BONNIER....   *Président.*
DASTRE............
HAUG.............   *Examinateurs.*

IMPRIMERIES RÉUNIES DE NANCY
95-97, RUE DE METZ, 95-97
1907

FACULTÉ DES SCIENCES DE L'UNIVERSITÉ DE PARIS

MM.

Doyen	P. APPELL, *Professeur*	Mécanique rationnelle
Doyen honoraire	G. DARBOUX. —	Géométrie supérieure.
Professeurs honoraires . . .	L. TROOST. Ch. WOLF. J. RIBAN.	

	LIPPMANN	Physique.
	BOUTY	Physique.
	BOUSSINESQ	Physique mathém. et calcul des probabilités.
	PICARD	Analyse supérieure et algèbre supérieure.
	H. POINCARÉ	Astronomie mathém. et mécanique céleste.
	Y. DELAGE	Zoologie, anatomie, physiologie comparée.
	G. BONNIER	Botanique.
	DASTRE	Physiologie.
	DITTE	Chimie.
	GIARD	Zoologie, Évolution des êtres organisés.
	KŒNIGS	Mécanique physique et expérimentale.
	VÉLAIN	Géographie physique.
	GOURSAT	Calcul différentiel et calcul intégral.
	CHATIN	Histologie.
Professeurs	PELLAT	Physique.
	HALLER	Chimie organique.
	H. MOISSAN	Chimie.
	JOANNIS	Chimie (Enseignement P. C. N.).
	JANET	Physique —
	WALLERANT	Minéralogie.
	ANDOYER	Astronomie physique.
	PAINLEVÉ	Mathématiques générales.
	HAUG	Géologie.
	TANNERY	Calcul différentiel et calcul intégral.
	RAFFY	Application de l'analyse à la géométrie.
	HOUSSAY	Zoologie.
	N	Chimie biologique.
	N	Zoologie, anatomie, physiologie comparée.
	N	Physique.

	PUISEUX	Mécanique et astronomie.
	LEDUC	Physique.
	HADAMARD	Calcul différentiel et calcul intégral.
Professeurs-adjoints	MATRUCHOT	Botanique.
	MICHEL	Minéralogie.
	DAGUILLON	Botanique.
	BOUVEAULT	Chimie organique.
	BOREL	Théorie des fonctions.

Secrétaire	A. GUILLET.

A M. GASTON BONNIER

MEMBRE DE L'INSTITUT

PROFESSEUR A LA SORBONNE

A M. MATRUCHOT

PROFESSEUR ADJOINT A LA SORBONNE

Hommage très reconnaissant.

A M. Edmond CAZE

SÉNATEUR

ANCIEN SOUS-SECRÉTAIRE D'ÉTAT A L'AGRICULTURE

(Ministère Gambetta)

En témoignage de mes sentiments
de profonde reconnaissance.

A LA MÉMOIRE DE MON PÈRE

A MA MÈRE

RECHERCHES

SUR LES

ALTÉRATIONS DES GRAINS DES CÉRÉALES, & DES FOURRAGES

Par Denis BROCQ-ROUSSEU

INTRODUCTION

Etat actuel de nos connaissances
sur les altérations des grains des céréales,
et des fourrages

Un grand nombre de champignons ont pour station naturelle les différents organes des Graminées et des plantes fourragères.

De nombreux auteurs ont étudié ces Cryptogames et les lésions qu'ils peuvent occasionner dans les tissus des plantes attaquées : nos connaissances sur les altérations des grains et des fourrages causées avant la récolte par ces parasites, sont, de ce fait, assez étendues. Au contraire, l'étude des causes qui altèrent ces mêmes substances après leur récolte, a été laissée presque complètement de côté.

Pour résumer l'état de la question à ce sujet, j'énumérerai d'abord les plus connus des champignons vivant sur les Graminées et les plantes fourragères, en indiquant, dans un tableau spécial, les altérations qu'ils produisent ; j'examinerai ensuite ce que nous savons des altérations des grains et des fourrages après leur récolte.

A. — Champignons les plus fréquents produisant des altérations avant la récolte

I. — OOMYCÈTES

Chytridinées.

Olpidium Trifolii. Pass. — Trifolium.
Cladochytrium graminis. de Bary. — Graminées des prairies.

Péronosporées.

Pythium de Baryanum (1). Hesse. — Zea Mays, Trifolium.
Peronospora Trifoliorum. de Bary. — Trifolium, Medicago sativa. Lotus corniculatus.
Peronospora Setariæ (2). Pass. — Setaria verticillata.

II. — ASCOMYCÈTES

Périsporiacées.

Erysiphe graminis. D. C. — Triticum sativum, Secale cereale, Hordeum sativum. Triticum repens, Dactylis glomerata, Bromus.
Erysiphe communis. Wallr. — Trifolium, Medicago sativa, Onobrychis sativa.
Erysiphe Martii. Lev. — Trifolium incarnatum.
Torula graminis (3). Desm. — Graminées des prairies.

Sphaeriacées.

Anthostomella Bromi (4). Ch. Richon. — Bromus asper.
Claviceps purpurea (5). Fries. — Secale, Triticum, Hordeum, Avena, Agrostis. Poa, Lolium.
Colletotrichum lineola. — Andropogon.
Dilophia graminis (6). Fuck. — *Dilophospora graminis* (7). Desm. — Triticum. Alopecurus, Holcus lanatus, Calamagrostis epigeios, Festuca ovina.
Epichloe typhina. Pers. — Phleum, Dactylis, Holcus, Agrostis. Anthoxanthum.
Gibellina cerealis (8). Pass. — Triticum sativum.

(1) Hesse. *Pythium de Baryanum*. Halle, 1874.
(2) Saccardo. *Fung. Ven.*, p. 172.
(3) Desmazières. *Annales sciences naturelles* 1831, t. II.
(4) Ch. Richon. *Les stations naturelles des champignons*, 1896, p. 19.
(5) L.-R. Tulasne. *Mémoire sur l'ergot des Glumacées* (Ann. Sc. Nat., t. XX. 1853).
(6) Fuckel. — *Symbolae mycologicae*, 1871, p. 12.
(7) Desmazières. — *Annales Sc. Nat.* 1840, t. XIV p. 67.
(8) Passerini. — *Un altra nebbia dei Frumento* (Boletino Comiz. agrar. Parm., 1886).

Leptosphœria Tritici (1). DESM. — Triticum sativum.

Leptosphœria microscopica. KARST. — Bromus asper.

Leptosphœria pachycarpa (2). SACC et MARCH. — Graminées des prairies.

Leptosphœria setulosa. — Secale cereale.

Leptosphœria culmifraga. FRIES. — Graminées des prairies.

Leptosphœria nigrans. SACC. — Dactylis glomerata.

Ophiobolus graminis (3). SACC. — Triticum sativum.

Ophiobolus herpotrichus (4). CUG. — Triticum sativum.

Perisporium disseminatum. SACC. — Secale cereale.

Phoma lophiostomoides (5) SACC. — Triticum vulgare.

Phoma Medicaginis. MALBR et ROUM. — Medicago sativa.

Phyllachora Bromi (6). FUCK. — Bromus asper.

Phyllachora graminis. PERS. — Festuca, Agropyrum, Dactylis.

Placosphaeria Onobrychidis. SACC. — Onobrychis sativa.

Pleospora aparaphysata (7). THERRY. — Secale cereale.

Pleospora infectiosa. FUCK. — Secale cereale.

Pleospora leguminum. RABENH. — Vicia sativa.

Pleospora typhicola (8). COOKE. — Secale cereale.

Pleospora vagans. NIESSL. — Triticum sativum.

Pyrenophora relicina (9). FUCK. — Hordeum, Secale.

Rhizoctonia violacea. D. C. — Medicago sativa.

Septoria Tritici (10). DESM. — Triticum, Graminées des prairies.

Sphaeria arundinacea (11). DESM. — Triticum sativum.

Sphaerella exitialis (12). — Triticum sativum.

Sphaerella Tulasnei (13). JANCZ. — Triticum, Secale, Hordeum, Avena.

Sphaeroderma damnosum (14). SACC. — Triticum, Hordeum, Avena.

Venturia exosporioides. SACC. — Graminées des prairies.

Pézizacées.

Belonidium Moliniae (15). DE NOT. — Molinia caerulea.

(1) EDW. JANCZEWSKI. — *Recherches sur le Cladosporium herbarum et ses compagnons habituels sur les céréales*. Cracovie, 1866.

(2) *Revue mycologique*, 1885.

(3) PRILLIEUX et DELACROIX. — *La maladie du pied du blé* (Bulletin de la Soc. Mycol. de France, t. VI, f. 2, 1890).

(4) CUGINI. — *Supra una malattia del frumento recentemente comparsa nella provincia di Bologna, Giornale agrario italiano* (Ann. XIX, 1880, n 13, 11).

(5) SACCARDO. *Mich.*, II. p. 338.

(6) FUCKEL. — *Symb. Mycol.*, 1, p. 217.

(7) THERRY. — *Revue Mycologique*, t. IV.

(8) COOKE. — *Revue Mycologique*, 1881.

(9) FUCKEL. — *Symb. Mycol.*, p. 216.

(10) DESMAZIÈRES. *Ann. Sc. Nat.*, série 3, t. XIX, p. 339.

(11) ROUMEGUÈRE. — Fungi Gallici exsicati.

(12) LOVERDO. — *Maladies cryptogamiques des céréales*, 1892, p. 225.

(13) GIUSEPPE LOPRIORE. — *Die Schwarze des Getreides*. Sonderabdruck aus Landwirtschaftl. Jahrbücher XXII, Berlin, 1894.

(14) SACCARDO et BERLÈSE. — *Una nuova malattia del Frumento* (Rivista di patologia vegetale), anno IV, 1895.

(15) *Comment. Soc. Bot. ital.*, t. I, p. 380.

Dasyscypha palearum. DESM. — Triticum sativum.
Endoconidium temulentum (1). PRILL. et DEL. — Secale cereale.
Pseudopeziza Medicaginis. FUCK. — Medicago sativa.
Pseudopeziza Trifolii (2). FUCK. — Trifolium, Medicago.
Peziza Poae (3). FUCK. — Poa sudetica.
Pyrenopeziza graminis. DESM. — Poa annua.
Sclerotinia Libertiana (4). FUCK. — Zea Mays.
Sclerotinia Trifoliorum (5). ERIKS. — Trifolium. Onobrychis, Medicago.

Hystériacées.

Rhytisma Onobrychidis (6). D. C. — Onobrychis sativa.

III. — URÉDINÉES

Puccinia graminis (7). PERS. — Triticum, Hordeum, Avena, Secale, Agrostis.
Puccinia Rubigo-vera (8). D. C. — Triticum, Secale, Hordeum.
Puccinia coronata. CORDA. — Avena.
Puccinia Sorghi. SCHWEIN. — Zea Mays.
Uromyces Trifolii. HEDW. — Trifolium.
Uromyces striatus (9). SCHR. — Medicago sativa.

IV. — USTILAGINÉES

Tilletia Caries (10). TUL. — *Tilletia levis*. KUHN. — Triticum, Secale.
Urocystis occulta (11). WALLR. — Secale, Hordeum, Triticum.
Ustilago Tritici (12). BAUHIN. — Triticum.
Ustilago Hordei (13). BREF. — Hordeum.
Ustilago Jensenii. ROST. — Hordeum.
Ustilago perennans (14). ROSTR. — Avena.
Ustilago Maydis. D. C. — Zea Mays.

---

(1) PHILLIEUX et DELACROIX. — *Travaux du Laboratoire de pathologie végétale*, t. VII, p. 104.
(2) BREFELD. — *Untersuchungen aus dem Gesammtgebiete der Mykologie*, p. 325.
(3) FUCKEL. — *Symb. Mycol.*, I, p. 291.
(4) PHILLIEUX. — *Maladie des plantes agricoles*, t. II, p. 412.
(5) REHM. — *Entwickelungsgeschichte eines Kleearten zerstorenden Pilzes*, Gotting. 1872.
(6) PHILLIEUX. — *Sur la maladie des sainfoins* Bulletin de la Société nationale d'agriculture, 1883, p. 312).
(7) PHILLIEUX. — *Maladies des plantes agricoles*, t. I, p. 223.
(8) ERIKSSON et HENNING. — *Die Hauptresultate einer Untersuchung über die Getreiderost* (Zeitschrift für Pflanzenkrankheiten, 1894).
(9) SCHROETER. — *Abhandlungen* (Schles. Gesellsch., 1869, p. 2).
(10) TULASNE. — *Mémoire sur les Ustilaginées* (Ann. Sc. nat., série 3, t. VII, 1847).
(11) WOLF. — *Beitrage zur Kenntniss der Ustilagineen* (Botan. Zeitung, 1873).
(12) JESSEN. — *The propagation and prevention of Smuts in Oats and Barley* (Journal of the Roy. Agr. Soc. Engl., 1888).
(13) BREFELD. — *Neue Untersuchungen über den Brandpilze und Brankrankheiten*. Berlin, 1888.
(14) ROSTRUP. — *Botanisch. Centralbl.*, t. XLIII, p. 389.

Ustilago destruens. SCHLECHT. — Melica uniflora.
Ustilago longissima. TUL. — Poa.

V. — HYPHOMYCÈTES

Dématiées.

Helminthosporium teres (1). SACC. — Avena, Hordeum.
Helminthosporium turcicum (2). PASS. — Zea Mays.
Macrosporium sarcinæforme. CAVARA. — Trifolium repens.
Polythrincium Trifolii (3). KUNZE. — Trifolium pratense.

Sphaeropsidées.

Ascochyta graminicola (4). SACC. — Graminées.
Dinemasporium graminis. SACC. — Graminées.
Hendersonia graminella (5). SACC. — Graminées.
Hendersonia macrosperma (6). SACC. — Graminées.
Hendersonia culmicola. SACC. — Festuca ovina.
Phyllosticta Trifolii. SACC. — Trifolium.
Vermicularia culmifraga. SACC. — Secale cereale.

Mucédinées.

Cephalothecium tetraspermum. CH. RICH. — Hordeum.
Coniothecium gramineum. SACC. — Secale cereale.
Fusarium heterosporum. NESS. — Graminées.
Fusarium roseum. SACC. — Zea Mays.
Fusisporium Zeae. — Zea Mays.
Epicoccum neglectum. DESM. — Zea Mays.
Gonatobotrys simplex. CORDA. — Zea Mays.
Myrothecium cinctum. SACC. — Poa annua.
Myrothecium gramineum. LINK. — Agrostis vulgaris.
Ovularia pulchella (7). CES. — Lolium.
Sporocybe atra. SACC. — Festuca ovina.
Sporocybe rhopaloides (8). SACC et ROUM. — Cynosurus cæruleus.

VI. — BACTÉRIES

Micrococcus Tritici (9). PRILL. — Triticum sativum.

(1) BRIOSI et CAVARA. — *Funghi paras. della piante coltivate*. Pavie, t. IV.
(2) PASSERINI. — *Bol. Comiz. Agrar. Parm.*, Octobre 1876.
(3) KUNZE. — *Mykol. Heft* I, p. 13.
(4) SACCARDO. — *Michelia*, 1, p. 127.
(5) SACCARDO. — *Michelia*, 1, p. 210.
(6) ROUMEGUÈRE. — *Revue Mycologique*, Juillet 1881.
(7) SACCARDO. — *Syllog. fung.*, IV, p. 141.
(8) SACCARDO et ROUMEGUÈRE. — *Revue Mycologique*, Juillet 1881.
(9) PRILLIEUX. — *Sur la coloration et le mode d'altération des grains de blé roses*.
(Ann. Sc. Nat., 6ᵉ série, Tome VIII, 1879).

Toutes les maladies ci-dessus énumérées s'observent chez les plantes en période de végétation.

Un certain nombre des altérations produites par les champignons parasites persistent et se manifestent encore après la récolte, par des taches de différentes couleurs, des érosions, des excroissances etc., pouvant atteindre les feuilles, les tiges ou les fruits.

Ce sont surtout les feuilles et les tiges des Graminées et de certaines Légumineuses, en un mot tous les fourrages, qui sont ainsi altérés ; les fruits des Graminées conservent plus rarement des traces de l'action de ces parasites.

Je résumerai dans le tableau suivant les plus fréquentes altérations persistant après la récolte.

α. — **Fourrages**

PARASITE CAUSAL	ESPÈCES ATTEINTES	MODE D'ALTÉRATION
I. — OOMYCÈTES		
Cladochytrium graminis	Graminées des prairies....	Lignes brun clair parallèles sur les feuilles.
Olpidium Trifolii......	Trifolium.........	Excroissances sur les feuilles, les pétioles et les pédoncules.
II. — ASCOMYCÈTES		
Erysiphe graminis.....	Triticum. Secale, Hordeum.........	Taches gris roussâtre sur les feuilles.
Erysiphe communis	Trifolium, Medicago. Onobrychis.	Revêtement blanc sur les feuilles.
Torula graminis.......	Graminées des prairies.........	Taches brun-noirâtre sur les feuilles.
Colletotrichum lineola..	Andropogon......	Taches brun clair sur les feuilles.
Epichloe typhina.......	Graminées des prairies ...	Stroma brun rougeâtre (encore blanc par places) entourant les tiges.
Gibellina cerealis......	Triticum sativum.	Taches allongées couvertes d'un feutrage gris sur les feuilles.
Leptosphæria microscopica............	Bromus asper.....	Petits points noirs sur les tiges.
Leptosphæria pachycarpa............	Graminées des prairies.........	Taches arrondies brun-noirâtre.
Leptosphæria setulosa.	Secale cereale....	Piqueté noirâtre très abondant sur les tiges.
Perisporium disseminatum...............	Secale cereale....	Pointillé jaune-brun sur les chaumes.
Pleospora aparaphysata	Secale cereale.....	Périthèces noirs, brillants, hérissés de poils raides sur les chaumes.

PARASITE CAUSAL	ESPÈCES ATTEINTES	MODE D'ALTÉRATION
II. — ASCOMYCÈTES (Suite		
Pleospora relicina.....	Hordeum.........	Taches brun-noirâtre sur-élevées sur les tiges.
Pleospora typhicola....	Secale...........	Petites taches noires sur les tiges.
Phoma Medicaginis....	Medicago sativa...	Taches noires sur les tiges.
Phoma lophiostomoides.	Triticum.........	Taches gris foncé sur les tiges.
Phyllachora Bromi	Bromus asper.....	Taches noires, ovales, sur les feuilles.
Septoria Tritici........	Triticum.........	Taches blanches, sèches, sur les feuilles.
Septoria graminum.....	Graminées des prairies.........	Pustules noires sur les feuilles.
Sphaeria arundinacea..	Triticum	Périthèces concaves, luisants, sur les chaumes.
Sphaerella Tulasnei....	Triticum , Secale. Hordeum. Avena.	Taches noires sur les feuilles.
Belonidium Moliniae....	Molinia cœrulea..	Petits points noirs sur les tiges.
Peziza Poae..........	Poa sudetica......	Petites taches brun-noirâtre sur les feuilles.
Rhytisma Onobrychidis.	Onobrychis sativa.	Taches noires, crustacées sur les feuilles.
III. — URÉDINÉES		
Puccinia graminis.....	Triticum, Hordeum, Avena, Zea Mays.	Taches noires sur les feuilles et les tiges.
Puccinia rubigo-vera...	Triticum, Secale, Hordeum........	Taches allongées, noirâtres, sur les feuilles et les tiges.
Uromyces Trifolii......	Trifolium.........	Taches brun foncé sur les feuilles.
Uromyces striatus......	Trifolium, Medicago...........	Taches brunes sur les feuilles.
IV. — USTILAGINÉES		
Urocystis occulta......	Secale, Hordeum...	Lignes charbonneuses sur les feuilles.
V. — HYPHOMYCÈTES		
Ascochyta graminicola.	Graminées des prairies	Taches allongées roussâtres sur les feuilles.
Hendersonia graminella	Graminées des prairies.........	Taches noires très fines sur les feuilles.
Hendersonia macrocarpa................	Graminées des prairies.........	Taches noires disséminées sur les feuilles.

PARASITE CAUSAL	ESPÈCES ATTEINTES	MODE D'ALTÉRATION
V. — HYPHOMYCÈTES (*Suite*)		
Helminthosporium teres.	Hordeum. Avena..	Taches blanc roussâtre aux deux côtés de la feuille.
Helminthosporium turcicum	Zea Mays.	Larges taches blanc roussâtre sur les feuilles amincies.
Macrosporium sarciueforme	Trifolium pratense.	Taches rousses sur les feuilles.
Coniothecium gramineum	Secale.	Taches brun-noirâtre sur les chaumes.
Fusarium roseum	Zea Mays.	Taches roses sur les gaines et les feuilles.
Fusisporium Zeae	Zea Mays	Petites taches noirâtres sur les tiges.
Ocularia pulchella	Lolium	Taches brun-roussâtre sur les feuilles.
Sporocybe rhopaloides . .	Cynosurus caeruleus	Amas de points noirs sur les feuilles.

3. — Grains des Céréales

PARASITE CAUSAL	ESPÈCES ATTEINTES	MODE D'ALTÉRATION
I. — ASCOMYCÈTES		
Claviceps purpurea	Avena, Secale, Hordeum	Grain remplacé par un sclérote noir
Sphaerella Tulasnei	Triticum, Secale, Hordeum, Avena.	Grains tachés de noir et crevassés.
Endoconidium temulentum	Secale	Champignon vivant dans l'assise protéique.
II. — USTILAGINÉES		
Tilletia Caries	Triticum, Secale. .	Grains remplis d'une poudre brune. *Odeur de poisson pourri.*
Ustilago divers	Triticum, Secale, Hordeum, Avena. Zea Mays	Spores noires sur les grains.
III. BACTÉRIES		
Micrococcus Tritici	Triticum	Albumen coloré en rose.

La lecture de ce tableau nous montre que, parmi toutes ces

altérations, une seule possède un caractère d'odeur : *la Carie des grains (Tilletia caries)*, qui leur donne une odeur de poisson pourri. Je peux donc faire remarquer, dès maintenant, que l'altération dont je m'occuperai dans ce travail se différencie très nettement de toutes celles que je viens d'énumérer, puisqu'elle se traduit par le dégagement d'une *odeur de moisi* bien connue et tout à fait caractéristique.

B. — Altérations après la Récolte

Dans les granges, les greniers et les silos, les grains et les fourrages subissent fréquemment des altérations.

Relativement aux altérations qui sont la conséquence de l'ensilage (mode de conservation des grains de moins en moins usité), on a reconnu qu'il s'agit de phénomènes diastasiques intracellulaires et de diverses fermentations dont quelques-unes sont bien connues à l'heure actuelle (1) (fermentations lactique, butyrique, ammoniacale, etc.). Cette question mise à part, il n'a été fait, à notre connaissance, aucun travail ayant pour objet les altérations des grains emmagasinés.

Il est pourtant de notion banale que les grains et les fourrages s'altèrent. Des modifications de leur substance coïncident avec un changement de leur état physique : lorsqu'ils sont avariés, ils répandent une mauvaise odeur et présentent un aspect anormal, surtout au point de vue de la couleur.

Empiriquement, les grainetiers établissent d'ailleurs une classification de ces altérations. Ils disent : les grains avariés sentent *le renfermé, l'échauffé, le moisi;* ils ont une odeur *de magasin, de sac, de grenier, de bateau.* En leur esprit, il s'agit là d'altérations diverses donnant lieu à des dépréciations différentes pour chaque sorte d'avarie.

Parmi les hygiénistes et les agronomes, tous les auteurs ont cherché à préciser les caractères distinctifs de ces diverses altérations (*). Ils se sont trouvés d'accord pour faire jouer

(1) KAYSER. — *Microbiologie agricole*, 1905, p. 321.

(*) Voici en effet, par ordre chronologique, ce qu'ont écrit à ce sujet un certain nombre d'auteurs :

1° **Foin moisi.** (GIROUNIER. *Hygiène vétérinaire*, 1837, p. 213.) — Le foin moisi a une teinte blanchâtre quand l'altération est peu avancée, ensuite obscure et noirâtre... C'est le résultat d'une fermentation lente, peu sensible, putride, qui a décomposé les principes mucilagineux et fait développer les champignons du genre byssus.

2° **Foin moisi.** (MERCHE. *Dictionnaire de médecine vétérinaire*, t. VII, 1862, p. 395.) — Quand les herbes ont été récoltées par un temps pluvieux, rentrées humides encore ou qu'elles ont été mal conservées au fenil, elles prennent une teinte blanchâtre, qui plus tard devient noirâtre ; elles répandent une *odeur de moisi* bien caractéristique, ont

à l'humidité un rôle prépondérant dans le développement des cryptogames.

Quant à savoir quels sont ces cryptogames, quels sont ceux dont la végétation a pour conséquence de faire naître la mauvaise odeur des grains avariés, personne ne paraît s'en être préoccupé. Certains en accusent les cryptogames

une saveur âcre et sont d'un usage dangereux. C'est également à une espèce de cryptogame microscopique qu'est due cette fâcheuse altération végétale.

3° **Altération des grains.** (PAYEN, *Substances alimentaires*, 1865, p. 260.) — La cause principale et primitive de l'altération des grains dépend des pluies qui ordinairement surviennent pendant la moisson. Si alors les blés se trouvent fauchés et coupés en javelles sur le sol, presque toujours il arrive que les épis maintenus humides, les grains se gonflent, la germination commence ; mais bientôt les fermentations, les végétations cryptogamiques ou moisissures, la putréfaction même atteignent les parties les plus altérables du périsperme.

4° **Fourrage moisi.** (JACQUOT, *Journal de l'agriculture de Barral*, 1869, t. III, p. 136.) — On reconnaît facilement qu'un fourrage est moisi *à son odeur* plutôt qu'à la poussière qui s'en échappe.

5° **Foin moisi.** (WOLF, *Hygiène du cheval de troupe*, 1881, p. 117.) Le foin moisi répand une *odeur bien caractéristique*, âcre, répugnante ; il a une grande disposition à se réduire en poussière. En le secouant, il répand une poussière irritante très nuisible.

6° **Avoine moisie.** (WOLF, *Idem*, p. 121.) — L'altération de l'avoine qui résulte de l'humidité s'apprécie à la main et à l'odorat ; l'avoine cesse d'être coulante et exhale une *odeur de moisi* qui la fait rejeter par les chevaux.

7° **Foin moisi.** (MAGNE et BAILLET, *Agriculture pratique*, 1883, t. III, p. 75.) — L'humidité qui provient des lieux où les meules sont constituées, du sol ou du mur des fenils, des gouttières de la toiture, d'un mauvais emmagasinage, d'une dessiccation incomplète, altère le foin et peut le pourrir... mais le plus souvent, avant même que cette altération soit bien avancée, les fourrages se couvrent de champignons microscopiques qui les font désigner sous le nom de *foins moisis*.

8° **Foin échauffé.** (A. VALLON, *Cours d'Hippologie*, 1884, t. II, p. 129.) — Lorsque le foin a été mis en meules ou en magasin avant d'avoir perdu son eau de végétation, ou quand, étant emmagasiné, il est soumis à une humidité plus prononcée, il s'opère en lui un travail de fermentation qui peut donner lieu à la combustion spontanée ou à la présence de petits champignons vénéneux qui leur communiquent une saveur âcre, une odeur désagréable... Le foin moisi ne diffère du précédent que par son degré d'altération plus prononcé ; il est dû au même champignon (*mucor*) qui lui donne une couleur noirâtre, une *odeur fétide et nauséabonde*.

9° **Paille moisie.** (A. VALLON, *id.*, p. 132.) — Comme le foin, la paille peut moisir. Elle offre alors les mêmes caractères et donne lieu aux mêmes inconvénients.

10° **Avoine moisie.** (E. SERAND, *Les Avoines*, 1890, p. 50.) — La moisissure est caractérisée à son début par la formation, sur l'écorce et vers la pointe, de petits grains verdâtres, d'aspect pulvérulent, qui ne sont autre chose qu'un champignon microscopique appartenant au groupe des mucédinées. La prolifération de ce cryptogame se fait rapidement ; il ne tarde pas à envahir toute l'écorce qui paraît comme pointillée et pénètre sur l'amande à laquelle il communique l'âcreté particulière dont

en général ; d'autres, diverses Mucorinées, des Aspergillus,
ou des Mucédinées ; mais il s'agit là de simples affirmations
qui ne reposent sur aucune expérience, ni sur aucune
recherche systématique.

Certes, la plupart des Mucors, des Aspergillus, des Penicillium, moisissures qui sont si répandues, peuvent se développer et apparaître sur les grains et les fourrages humides,

nous venons de parler. Ces champignons, lorsqu'ils sont peu nombreux,
passeraient inaperçus si l'*odeur* que donne l'avoine ne décelait leur
existence.

11° **Blé échauffé.** (E. SÉRAND, *Étude sur les céréales*, 1891, p. 128.) —
L'échauffement du blé se reconnaît à la chaleur de la masse, à l'odeur
du renfermé, de champignon et de *moisi* qu'il exhale, à son goût âcre,
et, quand il est avancé, aux marbrures ou taches de couleur jaune foncé
ou verdâtres que prend l'intérieur du grain.

12° **Pailles altérées.** (BOUCHER, *Hygiène des animaux domestiques*, 1894, p. 125.) — On ne connaît point rigoureusement la nature de
la flore cryptogamique qui envahit les fourrages et leur communique
parfois des propriétés vénéneuses.

13° **Foin moisi.** (CHARDIN, *Hygiène du cheval de guerre*, 1898,
p. 126.) — Le foin moisi, dont la couleur plus ou moins dissimulée par les
moisissures qui sont souvent blanc grisâtre..... présente une *odeur
bien connue*. Cette altération existe souvent dans l'intérieur des bottes,
sans qu'il y en ait la moindre trace à l'extérieur.

14° **Grains moisis.** (L. LINDET, *Le Froment et sa mouture*, 1903,
p. 107). — Sous l'influence de fermentations mal définies, sous l'influence
des phénomènes intracellulaires, les grains humides s'échauffent, accusent une odeur dite de renfermé, *de moisi*.

15° **Avoine moisie.** (DECHAMBRE et CUROT, *Les aliments du cheval*
1903, p. 102.) — Taches verdâtres, dues à la présence d'un champignon de la famille des Mucorinées, envahissant les glumelles et
l'amande ; odeur désagréable, saveur âcre. Les avoines qui, après fau-
chage, séjournent longtemps sur le sol et qui sont mouillées par la pluie
s'échauffent, moisissent et dégagent une *odeur piquante caractéristique*.

16° **Foin moisi.** (DECHAMBRE et CUROT, *Idem*, p. 313.) — Les foins
moisis sont couverts de végétations microscopiques dont le développement est provoqué par un excès d'humidité ; les foins possèdent une
odeur désagréable.

17° **Paille moisie.** (DECHAMBRE et CUROT, *Idem*, p. 350.) — La paille
moisie est envahie par les champignons des moisissures (genres Aspergillus, Penicillium), qui lui communiquent une teinte verdâtre, jaunâtre
ou brune, et souvent une *odeur fétide*.

18° **Foin moisi.** (MORIZOT, *Hygiène du cheval de troupe*, 1904, p. 111.)
— Si le foin est conservé dans des locaux humides, s'il est exposé à la
pluie et aux brouillards, il ne tarde pas à se couvrir de moisissures. Le
foin moisi répand une *odeur nauséeuse*..... : les principales altérations du foin sont occasionnées par des cryptogames appartenant à la
classe des champignons.

19° **Avoine moisie.** (MORIZOT, *Idem*, p. 135.) — L'avoine moisie est
celle qui a été mouillée ou conservée dans des locaux humides, et dont
les grains, à la longue, se sont couverts de moisissures. Elle est terne,
collante à la main et répand une *odeur caractéristique de moisi*. L'avoine
conservée en sacs dans des locaux humides, contracte aussi une odeur
de moisi.

comme sur toutes les matières où elles trouvent les éléments nécessaires à leur vie ; mais cela ne signifie pas que les diverses altérations que l'on constate sur les grains et les fourrages et que nous avons énumérées, sont provoquées par le développement de ces espèces.

Il n'a jamais été démontré que l'odeur de moisi est provoquée par la végétation de ces champignons, même lorsque leur présence est visible à l'œil nu. A plus forte raison, leur intervention dans la production de l'odeur caractéristique n'est pas établie, lorsqu'il s'agit des grains qui sentent le moisi et à la surface desquels on n'aperçoit aucune moisissure.

L'espèce ou les espèces déterminantes de l'avarie des grains et des fourrages restent donc à déterminer.

En résumé, en l'état actuel, les causes qui provoquent les altérations les plus fréquentes des grains et des fourrages *après la récolte* ne sont pas connues.

L'étude systématique des parasites végétaux vivant à la surface de ces grains et de ces fourrages, celle des relations qui existent entre le développement de ces parasites et les transformations de la substance de leur substratum, en particulier la production des corps odorants et les altérations d'ordre chimique et anatomique qui en résultent, sont entièrement à faire.

Pour combler en partie cette lacune, j'étudierai l'altération la plus fréquente et la mieux définie, celle sur laquelle tous les grainetiers se trouvent constamment d'accord dans leurs expertises, celle qui fait qualifier de *moisis* les grains et les fourrages qui en sont atteints.

Dans la première partie de ce travail, je me propose de démontrer que :

1° *L'altération des grains et des fourrages qualifiés de moisis est due au développement à leur surface d'un Streptothrix ;*

2° *Certaines mesures prophylactiques sont susceptibles d'être opposées d'une manière efficace à son développement ;*

3° *Un traitement curatif permet de faire disparaître complètement l'altération, en particulier l'odeur et le goût qui rendent les grains moisis inconsommables.*

Dans une seconde partie, je montrerai que *ce même traitement peut être appliqué avec succès aux grains attaqués par le Charançon, qu'il détruit à tous les états de développement (œuf, larve et insecte parfait).*

PREMIÈRE PARTIE

ALTÉRATION DES GRAINS

ET DES

FOURRAGES MOISIS

CHAPITRE PREMIER

GÉNÉRALITÉS

Importance de l'étude des grains moisis

En dehors de l'intérêt purement scientifique qui s'attache à la connaissance de la cause initiale de l'altération des grains et fourrages moisis, cette étude répond à des nécessités d'ordre économique et pratique très importantes.

Les grains moisis, en effet, sont inutilisables. L'odeur et le goût de moisi persistent dans la farine qui en provient.

La plupart des animaux domestiques se refusent à les consommer ; si, pressés par le besoin de nourriture, ils se résignent à les ingérer, ce n'est qu'en quantité très faible, non proportionnée à leurs besoins. De plus, divers accidents fréquents et d'origine encore indéterminée, pourraient bien n'être pas toujours sans relations avec l'ingestion de ces aliments avariés. Les vétérinaires militaires qui surveillent un grand nombre de chevaux soumis à une même alimentation, ont maintes fois observé que l'ingestion de fourrages moisis peut causer de véritables enzooties de troubles digestifs.

Sans préjuger du rôle pathogène des parasites, causes de ces altérations, peut-être l'étude de ces grains avariés fournirait-elle la solution de certains problèmes d'ordre étiologique non résolus à l'heure actuelle. Pour préciser, je prendrai deux exemples :

1° La *pellagre* est une maladie de l'homme que l'on attribue à l'ingestion de Maïs altéré. Quelle est cette altération et quelles sont les conditions naturelles de l'infection ?

Jusqu'à présent, c'est au *Verdet* du Maïs que l'on rapporte les troubles observés (1) ; mais personne n'en a apporté la démonstration et rien ne prouve qu'il ne s'agisse pas d'une autre cause.

2° L'*Actinomycose* atteint les hommes ainsi que les animaux. Cette maladie est fréquente chez les batteurs de blé ; de plus, on a constaté de véritables épizooties d'actinomycose sur des bœufs ayant pâturé dans des prairies très humides (2). Ce que nous savons de cette maladie fait supposer que l'*Actinomyces bovis* existe dans la nature à l'état saprophytique, sous une forme que nous ne connaissons pas (3). Or, l'Actinomyces est un Streptothrix : n'est-on pas, dès lors, en droit

---

(1) G. HEUZÉ. — *Les plantes céréales*, 1897, p. 332.
(2) PREUSSE. — *Zur Lehre von der Actinomycosis* (Deutsche Thierartzliche Wochenschrift, 1899, p. 165).
(3) NOCARD et LECLAINCHE. — *Maladies microbiennes des animaux*, t. II, p. 339.

d'espérer que l'étude des Streptothrix vivant normalement sur les végétaux peut donner la clef de l'étiologie de cette maladie ?

Enfin, si les notions acquises au cours de ces recherches permettaient de trouver les moyens propres à éviter la production des altérations, ou de rendre consommables les grains avariés, nous éviterions des pertes considérables qui causent tous les ans un préjudice important aux agriculteurs et aux commerçants.

Pour donner une idée de l'importance économique de la question, j'envisagerai la production de l'Avoine dans quelques pays : la Bretagne récolte tous les ans de 2 à 3 millions de quintaux d'Avoine, qui généralement est moisie. Cet état de choses tient à ce que les Bretons laissent pendant un temps très long leurs Avoines en javelles sur le sol. Or, ce sont de très belles Avoines, les plus riches peut-être en principes nutritifs parmi les Avoines indigènes ; mais, du fait des pratiques désastreuses de la récolte, elles subissent dans le commerce une dépréciation de 1 à 2 francs par quintal. C'est donc une perte de plusieurs millions de francs que chaque année subit la Bretagne.

Dans le nord de la France, les récoltes se font parfois très tardivement et les pluies surviennent généralement avant la fin de la moisson ; par suite, les grains sont emmagasinés à l'état humide et moisissent.

Dans les pays de grande culture, comme la République Argentine, où l'agriculture a pris un tel essor qu'on n'a pas encore eu le temps de construire les hangars nécessaires à abriter les grains, les sacs sont abandonnés et exposés à toutes les intempéries. Les grains sont fréquemment altérés et on a dû rechercher à leur arrivée dans les ports d'embarquement des moyens palliatifs permettant leur transport.

Dans les ports où le commerce des grains est considérable, on trouve très souvent de grandes quantités de grains moisis à l'arrivée des bateaux.

Dans les pays chauds, dans nos postes coloniaux, en particulier dans nos possessions d'Afrique, le ravitaillement en grains est extrêmement difficile ; cela tient à ce qu'après la saison des pluies, les grains sont altérés par des cryptogames dont le développement est aidé par la température chaude ; le charançon achève la destruction des approvisionnements.

Ces quelques exemples suffiront à montrer l'intérêt qui s'attache à cette étude.

Caractères généraux de l'altération

1° Odeur. — Le caractère le plus typique de cette altération est le dégagement d'une odeur très caractéristique que les grainetiers qualifient *d'odeur de moisi.*

Il suffit de l'avoir perçue une seule fois pour constater que cette odeur n'a rien de commun avec celle que dégagent en cultures pures, divers Penicillium, Aspergillus ou Mucors qui poussent sur des substances humides.

Il est bien difficile de définir une odeur ; disons simplement qu'on distingue toujours, dans cette odeur de moisi, quelque chose de piquant, de très subtil et de très intense, et qu'on la perçoit parfois à distance alors même qu'à l'œil nu les grains ne paraissent pas altérés.

A défaut d'une caractéristique de l'odeur, il y a, dans ce dernier fait, un caractère qui différencie nettement cette altération de celles que causent les champignons cités plus haut. Quand ils sont suffisamment développés pour donner naissance à une odeur perceptible, les Penicillium, les Aspergillus, les Mucors forment des masses toujours très apparentes à la surface des substances qui répandent cette odeur. Au contraire, des grains moisis peuvent dégager leur odeur caractéristique sans présenter d'altération bien apparente pour un œil non exercé.

L'altération des grains moisis peut être décelée par l'odeur seule, alors que l'examen macroscopique ne donne qu'une indication négative.

L'odeur de moisi est très persistante : lorsque des sacs ont contenu des grains moisis, de nouveaux grains mis dans ces mêmes sacs prennent l'odeur de moisi.

Cette odeur est d'autant plus accusée que l'altération est plus marquée ; sur des grains et des fourrages très avariés, elle est perceptible à plusieurs mètres de distance.

Elle est nécessairement due à des corps volatils, remarque importante, puisque à elle seule, elle permet d'envisager la possibilité de traiter les grains moisis par l'élimination pure et simple de ces corps, et la destruction des éléments qui les produisent.

Si l'on porte à une température suffisamment élevée des grains moisis, l'odeur s'évapore ; pour une température déterminée, le dégagement d'odeur passe par un maximum d'intensité très apparent ; puis elle disparaît complètement. Après refroidissement, les grains ne sentent plus rien.

Ce phénomène, au reste, paraît avoir été remarqué et il n'a jamais été utilisé, si ce n'est en Bretagne et dans des conditions particulières. Ainsi que je l'ai déjà dit, toutes les Avoines de Bretagne sont moisies. Cependant avec la farine d'Avoine, les Bretons font des galettes qui seraient immangeables s'ils ne leur enlevaient cette odeur de moisi. Pour atteindre ce but, ils passent les Avoines destinées à cet usage dans leurs fours ; ils avaient remarqué depuis longtemps que ce chauffage des grains éliminait complètement leur mauvaise odeur.

2° CARACTÈRES MACROSCOPIQUES. — Le caractère macroscopique général de l'altération est la présence, à la surface des grains et des fourrages moisis, de cultures blanches d'un champignon que nous décrirons plus loin et auquel nous avons donné le nom de *Streptothrix Dassonvillei*.

Suivant le degré d'avarie, ce champignon est plus ou moins abondant à la surface du grain. En général, sur les grains moisis, le parasite est assez peu développé et n'est très nettement visible à l'œil nu que lorsque l'avarie est très avancée : sur les fourrages moisis, au contraire, le champignon est très abondant.

En raison de sa couleur blanche, le champignon est d'autant plus visible que le fond sur lequel il végète est de couleur plus foncée ; ainsi il est beaucoup plus aisé de reconnaître l'altération sur les Avoines noires que sur les Maïs jaunes et surtout sur les Blés blancs ou sur les Avoines grises.

Sur une Avoine noire qui commence à moisir, avec un peu d'attention on remarque, à la surface des grains, une très fine poussière blanche, localisée en petits points. A un stade d'avarie plus avancé, ces points blancs sont plus nombreux, plus volumineux et deviennent confluents jusqu'à former à la surface du grain des plaques ou des taches gris blanchâtre, donnant l'impression d'une poussière qui se serait collée au grain. A un degré d'altération plus avancé encore, les grains ont perdu leur couleur naturelle : ils sont ternes, noirâtres et parfois complètement noirs : le péricarpe est ridé, desséché, fendillé ou crevassé. A la limite extrême, le grain n'est plus reconnaissable : il est aplati, déformé et presque complètement vidé de son albumen.

Les grains qui résistent le mieux à l'altération sont ceux de l'Avoine et de l'Orge. Pour l'Avoine, cela tient évidemment à la dureté des glumelles qui opposent une barrière à l'envahissement du champignon. Le Blé et le Seigle dont les téguments sont peu résistants, ne sont point protégés et subissent une altération plus profonde. Le grain de Maïs, lorsqu'il est intact, résiste assez bien parce que les tissus à la périphérie sont durs et desséchés ; lorsqu'il est blessé par les manipulations de l'égrènement (ce qui est fréquent), les parties vives, facilement attaquables, s'altèrent très profondément.

Il y a sans doute aussi une autre cause qui rend certaines espèces plus altérables que d'autres. Ainsi qu'on le verra plus loin, le parasite de cette altération se développe surtout aux dépens des matières azotées. Or, le Blé et le Seigle sont plus riches en gluten que les autres grains, ce qui les rend plus facilement attaquables.

Sur les fourrages des prairies naturelles ou artificielles, l'altération est ordinairement plus accusée que sur les grains : cela tient à leur grande teneur en eau qui favorise le développement du parasite. Ce développement peut être tel que la couleur primitive des tiges disparait parfois totalement sous le réseau blanc du champignon. Lorsqu'on secoue des fourrages avariés à un tel point, il s'en échappe une fine poussière blanche constituée par les spores du champignon ; en même temps, l'odeur de moisi devient plus violente.

Il est un caractère qui différencie nettement cette altération de celles causées par les moisissures les plus habituellement répandues. Ces dernières, en effet, montrent toujours un feutrage plus ou moins serré, duquel émergent des filaments dressés, portant des fructifications visibles à l'œil nu.

Au contraire, les cultures du Streptothrix se présentent sous forme, soit d'une fine poussière blanche, soit d'une pellicule très mince ou d'une sorte de croûte ; jamais on n'aperçoit de filaments mycéliens dressés : l'œil est incapable de discerner, dans l'altération qui nous occupe, autre chose qu'une tache blanche plus ou moins étendue.

Les caractères objectifs généraux de l'altération peuvent être ainsi résumés :

1° L'altération est de couleur blanche ;

2° Elle se présente à la surface des substances altérées sous forme de croûte ou d'enduit pulvérulent ;

3° Il est impossible à l'œil nu de discerner la présence de rameaux aériens portant des fructifications.

3° CARACTÈRES MICROSCOPIQUES. L'étude du Streptothrix, que nous ferons plus loin, nous donnera les précisions nécessaires à ce sujet.

Signalons seulement que, le plus souvent, le parasite existe sur les grains et les fourrages sous sa forme oospora, forme habituelle de résistance sur les milieux naturels.

Cependant, si le taux de l'humidité est assez élevé, comme cela est fréquent pour les fourrages, le champignon est constitué par des filaments mycéliens plus ou moins longs. Mais il est rare que l'humidité soit assez considérable pour donner lieu à des touffes très ramifiées : on ne trouve généralement que des filaments courts qui sporulent immédiatement.

En résumé, un grain moisi, s'il est très humide, peut présenter à sa surface des filaments courts et des spores ; un grain moisi peu humide ne possède à sa surface que des spores. La forme sporulée, forme de résistance, est la forme habituelle du champignon dans sa station naturelle.

*
* *

D'après ce qui vient d'être dit, on voit qu'il n'y a aucune comparaison à établir entre l'altération des grains et des fourrages moisis et les altérations connues des végétaux vivants. Chez ceux-ci, il n'est aucune maladie qui communique une odeur aux grains et aux fourrages (sauf pour les grains cariés qui sentent le poisson pourri). L'altération à Streptothrix se différencie donc nettement par ce caractère *d'odeur de moisi* de toutes les altérations connues.

D'autre part, les lésions de surface que produisent divers parasites végétaux, après la récolte, ne ressemblent en rien à celles que produit le Streptothrix.

L'altération des grains et fourrages moisis que je me propose d'étudier en détail est donc une altération bien caractérisée et bien différente de toutes les altérations connues.

CHAPITRE II

ÉTUDE DE GRAINS ET DE FOURRAGES MOISIS

Avoine moisie (1)

I. — DÉTERMINATION DE LA CAUSE DE L'ALTÉRATION

La recherche de cette cause m'a montré que celle-ci est la même pour tous les végétaux. Il suffira donc d'en faire la détermination sur des Avoines moisies, car, ainsi que nous le verrons, les mêmes recherches donnent les mêmes résultats sur les autres espèces végétales.

La méthode de travail que j'ai suivie peut être ainsi résumée :

1° Détermination de la flore cryptogamique des grains avariés ;

2° Essai de reproduction expérimentale de l'altération, caractérisée par l'exhalaison d'odeur de moisi, à l'aide de chacune des espèces isolées.

A. — Dans un très grand nombre de tubes contenant les milieux les plus divers, j'ai semé des grains moisis d'une Avoine provenant de la Brie.

Parmi les espèces qui se sont développées d'une façon assez constante dans ces milieux, j'ai isolé :

1° Un Mucor ;

2° Un Sterigmatocystis ;

3° Un Cladosporium ;

4° Un Aspergillus ;

5° Un Penicillium ;

6° Un Streptothrix ;

7° Diverses Bactéries.

En examinant toutes les espèces, j'ai été frappé par ce fait que, de toutes les cultures, seule celle du Streptothrix exhalait une odeur prononcée de moisi.

On peut en inférer que les autres espèces ne sont, par conséquent, pas des déterminants de l'avarie caractérisée.

Mais si le Streptothrix est seul la cause de cette avarie, il doit répondre aux conditions suivantes :

1° Exister sur tous les grains avariés ;

2° En favorisant son développement on doit accentuer l'altération :

(1) BROCQ-ROUSSEU. — *Sur un Streptothrix, cause de l'altération des Avoines moisies* (Revue générale de Botanique, t. XVI. 1901, p. 219, et Bulletin de la Société Centrale de Médecine vétérinaire. 26 mai 1904).

3° On doit pouvoir reproduire avec lui, et à l'exclusion de toute autre cause, l'altération sur des Avoines stérilisées.

Les recherches que j'ai entreprises m'ont fait voir que ce Streptothrix répond à ces conditions.

En effet :

1° IL EXISTE SUR TOUS LES GRAINS AVARIÉS. — On peut le constater de deux façons :

a) par l'examen microscopique. — Si l'on prend les petites masses blanchâtres qui se trouvent à la surface des grains, après coloration, on voit qu'elles sont constituées par les formes du Streptothrix que nous décrirons plus loin (formes oospora, bacillaires ou mycéliennes suivant le degré d'humidité du grain considéré) ;

b) par l'examen des cultures. — Si l'on veut avoir une démonstration rapide de la présence de ce Streptothrix, il suffit de placer des grains à la surface de géloses ; ce milieu est très favorable à son développement. En quelques jours, tous les grains, sans exception, se trouvant dans un milieu humide, se recouvrent d'une culture abondante du Streptothrix ; de plus, la surface de la gélose se montre parsemée de taches blanches constituées par des cultures du Streptothrix.

2° EN FAVORISANT LE DÉVELOPPEMENT DE L'ALTÉRATION, ON ACCENTUE LE DÉVELOPPEMENT DU STREPTOTHRIX. — La chaleur et l'humidité accentuent l'altération. Si l'on place un grain d'Avoine à la surface d'un tampon de coton hydrophile contenu dans un tube stérilisé, renfermant de l'eau à sa partie inférieure, après un séjour de deux ou trois jours à l'étuve, le grain est couvert de points blancs dont le nombre va en augmentant et qui aboutissent à la constitution d'une efflorescence blanche constituée par le Streptothrix en question. Il est très rare que d'autres moisissures se développent ; quand cela a lieu, ces espèces n'envahissent que très discrètement le grain d'Avoine et, au bout de quelques jours, le Streptothrix a pris le dessus (1).

3° REPRODUCTION DE L'ALTÉRATION. — J'ai ensemencé, avec une culture pure de Streptothrix, de l'Avoine stérilisée renfermée dans des flacons. Au bout de quelques jours, tous les grains étaient recouverts d'une efflorescence blanche semblable à celle qu'on trouve dans les conditions naturelles et qui, au microscope, se montre constituée par les formes oospora du champignon dans sa station naturelle.

---

(1) Ce phénomène est particulièrement sensible avec l'Avoine. Lorsqu'on place dans les mêmes conditions des grains de Blé, par exemple, le développement des moisissures banales est très accentué et gêne celui du Streptothrix.

L'odeur dégagée par la culture est l'odeur de moisi très accentuée.

Seule, de toutes les espèces isolées, le Streptothrix reproduit l'altération avec son odeur caractéristique.

De l'ensemble de ces faits, on peut conclure que c'est ce Streptothrix qui cause l'altération étudiée.

B. — Vers la fin de l'année 1903 et au commencement de 1904, j'ai soumis à des recherches identiques quatre échantillons d'Avoine moisie, provenant de la Bretagne, de la Charente, de l'Oise et de l'Indre.

Depuis, j'ai répété les expériences sur de nombreux échantillons d'Avoines altérées provenant de pays différents : chaque fois j'ai obtenu les résultats signalés ci-dessus.

On peut donc conclure que *la cause de l'altération des Avoines moisies est le développement d'un Streptothrix* que nous étudierons plus loin.

II. — État naturel du Streptothrix causal
de l'altération.

Ayant déterminé la cause de l'altération, je me suis demandé si le développement de ce Streptothrix sur l'Avoine était la conséquence d'une contamination accidentelle, ou bien si, portant normalement en elles les germes de leur altération, les Avoines ne s'avariaient pas lorsque les influences extérieures (humidité et chaleur) venaient à favoriser le développement du Streptothrix.

Pour m'éclairer à ce sujet, j'ai examiné un grand nombre d'échantillons d'Avoines *saines*, provenant des régions les plus diverses de la France et récoltées en 1902 et 1903 (1).

J'ai placé, à l'étuve, des grains sur de l'ouate humide, à l'intérieur de tubes stériles. Au bout de huit jours environ, tous les grains étaient couverts d'une fine culture blanche, pointillée, constituée uniquement par le Streptothrix. Cette épreuve a été répétée sur dix-sept échantillons d'Avoines de provenances différentes, et chaque fois j'ai été conduit aux mêmes constatations.

A l'état normal, toutes les Avoines sont donc souillées par un Streptothrix particulier qui, sous l'influence de certaines conditions de chaleur et d'humidité, se développe et les altère ; elles prennent alors l'odeur de moisi.

III. — Époques de la Contamination.

a) Quelque temps avant la récolte, des épillets d'Avoine, bien sains, mais non encore parvenus à maturité, sont

---

(1) Voici les régions d'où me sont parvenues ces Avoines : Beauce, Cher, Vincennes, Versailles, Châlons-sur-Marne, Saint-Cloud, Haute-Vienne, Marseille, Nancy, Poitou, Rambouillet, Camp de Châlons, Chartres, Indre, Charente, Bretagne, Compiègne. En tout 17 échantillons.

coupés et enfermés immédiatement dans des enveloppes cachetées sur le champ même.

Dans la suite, les grains d'Avoine sont débarrassés de leurs glumes et semés chacun sur une gélose.

Le tableau suivant résume les faits observés au 15e jour :

PROVENANCE DE L'AVOINE	NOMBRE D'ÉCHANTILLONS SEMÉS	NOMBRE D'ÉCHANTILLONS ayant montré la présence du streptothrix
Bazolles (Nièvre)	20	20
Carnières (Nord)	21	6
Caulnes (Côtes-du-Nord)	16	7
Figeac (Lot)	20	20
Fontenay (Vendée)	21	14
La Roche-sur-Yon (Vendée)	21	13
Valençay (Indre)	17	5
TOTAL	136	85

b) La récolte faite, aussitôt après le battage des grains, et alors que les gerbes ont séjourné sur la terre, j'ai semé à nouveau des grains d'Avoine provenant des mêmes champs que dans le cas précédent.

Le tableau suivant résume les faits observés au 15e jour :

PROVENANCE DE L'AVOINE	NOMBRE D'ÉCHANTILLONS SEMÉS	NOMBRE D'ÉCHANTILLONS ayant montré la présence du streptothrix
Bazolles (Nièvre)	15	15
Carnières (Nord)	15	15
Caulnes (Côtes-du-Nord)	15	15
Figeac (Lot)	15	15
Fontenay (Vendée)	15	15
La Roche-sur-Yon (Vendée)	15	15
Valençay (Indre)	15	15
TOTAL	105	105

A l'examen de ce tableau, on voit que, dès la récolte, la totalité des échantillons était souillée.

Si l'on compare les résultats des deux tableaux précédents, on est conduit à conclure que, sur pied, un assez grand nombre des grains portent le germe de l'avarie ; mais que les manipulations des javelles, leur contact avec le sol etc., etc., ont pour conséquence fâcheuse de souiller tous les grains, sans exception.

* *

En résumé :

1° *L'altération des Avoines moisies est provoquée par le développement à leur surface d'un Streptothrix particulier;*

2° *Ce Streptothrix existe à l'état normal sur tous les grains des Avoines d'apparence saine : il les altère lorsque les conditions de chaleur et d'humidité nécessaires à son développement sont réalisées ;*

3° *C'est surtout au moment de la récolte (mise en javelle sur le sol, battage, etc.), que la souillure de tous les grains sans exception se trouve réalisée.*

Blé moisi

J'ai étudié six échantillons de Blé avarié ayant l'odeur de moisi (1).

L'ensemencement d'un grand nombre de grains sur différents milieux m'a permis de retrouver dans chaque cas :

1° Une espèce constante : un Streptothrix ;

2° Diverses espèces non constantes sur tous les grains, parmi lesquelles j'ai isolé :

Un Penicillium,

Un Mucor,

Un Sterigmatocystis,

Un Rhizopus,

Un Aspergillus,

Un Cephalothecium,

Diverses Bactéries.

Seule, de toutes ces espèces, la culture du Streptothrix donne l'odeur caractéristique de moisi.

Les caractères des cultures et les caractères morphologiques de ce Streptothrix montrent qu'il s'agit bien du même Streptothrix que celui isolé des Avoines moisies.

Des grains de Blé soumis aux conditions qui permettent de déceler et d'accentuer l'avarie, se sont couverts d'une abondante culture du Streptothrix.

Enfin j'ai reproduit l'altération naturelle en semant ce Streptothrix sur des grains de Blé stérilisés.

CONCLUSION. — *La cause de l'altération des Blés moisis est un Streptothrix qui présente les mêmes caractères que celui des Avoines moisies* (2).

Maïs moisi

J'ai étudié cinq échantillons de Maïs moisi (3).

(1) Ces blés provenaient de Tarbes, Nantes, Brest, Aire-sur-Adour et Bordeaux.
(2) Il existe une autre altération du Blé causée par un Penicillium. Elle est caractérisée par la présence à la surface des grains d'une poussière abondante, de couleur gris verdâtre foncé, et par une odeur très pénétrante qui n'est pas l'odeur de moisi. Je me réserve de publier ultérieurement l'étude de cette altération.
(3) Provenant trois de Marseille et deux des Hautes-Pyrénées.

La flore des espèces vivant à la surface de ces grains m'a montré qu'il existait :

1° Une espèce constante : un Streptothrix ;

2° Diverses espèces non constantes, parmi lesquelles j'ai isolé :

Un Rhizopus,

Un Verticillium,

Trois Aspergillus.

Diverses Bactéries.

Seule, de toutes ces espèces, la culture du Streptothrix donne l'odeur de moisi.

L'examen direct des taches blanches de la surface des grains montre la présence du Streptothrix en grande abondance.

En semant des grains sur gélose, au bout de très peu de jours le Streptothrix se développe sur les grains et sur le milieu.

En poussant les grains à l'avarie, ils se recouvrent d'une efflorescence blanche plus abondante.

Enfin j'ai reproduit l'altération sur des grains stérilisés. Les caractères des cultures et les caractères morphologiques montrent qu'il s'agit du même Streptothrix que dans les espèces précédemment étudiées.

CONCLUSION. — *La cause de l'altération des Maïs moisis, est un Streptothrix qui présente les mêmes caractères que celui des Avoines et des Blés moisis (1).*

Orge moisie

J'ai étudié trois échantillons d'Orge moisie (2).

L'ensemencement des grains sur les différents milieux a permis d'isoler :

1° Une espèce constante : un Streptothrix ;

2° Diverses espèces non constantes, parmi lesquelles :

Un Stérigmatocystis,

Un Aspergillus,

Diverses Bactéries.

L'examen direct des taches blanches montre la présence du Streptothrix.

En poussant les grains à l'avarie, l'altération s'accentue.

Des grains semés sur gélose se couvrent rapidement, ainsi que le milieu, de cultures blanches.

Enfin, on peut reproduire avec le Streptothrix l'altération étudiée sur des grains stérilisés.

---

(1) Les Maïs sont très fréquemment envahis par des Aspergillus. L'un d'eux est pathogène pour le lapin. Je ferai connaître le résultat de mes recherches sur ces Aspergillus, sitôt que l'étude en sera achevée.

(2) Deux provenant de Bordeaux et le troisième de Bretagne.

Ce Streptothrix a les mêmes caractères que celui isolé de l'Avoine, du Blé et du Maïs.

CONCLUSION. — *La cause de l'altération des Orges moisies est un Streptothrix qui présente les mêmes caractères que celui qui cause l'altération des Blés, des Avoines et des Maïs moisis.*

Seigle moisi

J'ai étudié deux échantillons de Seigle moisi (1).

Des grains nombreux de ces deux échantillons, semés sur différents milieux, ont permis d'isoler :

1° Une espèce constante : un Streptothrix ;

2° Diverses espèces parmi lesquelles :

Un Sterigmatocystis,

Un Rhizopus,

Un Penicillium,

Divers bacilles.

La culture du Streptothrix seule dégage l'odeur de moisi.

L'examen des taches blanches de la surface des grains montre qu'elles sont formées par le Streptothrix.

Des cultures sur gélose accusent très nettement sa présence.

L'altération s'accentue en poussant les grains à l'avarie.

On peut enfin reproduire l'altération sur des grains de Seigle stérilisés.

Ce Streptothrix a les mêmes caractères que celui isolé dans les espèces étudiées précédemment.

CONCLUSION. — *La cause de l'altération des Seigles moisis est un Streptothrix qui présente les mêmes caractères que celui isolé de l'Avoine, du Blé, du Maïs et de l'Orge.*

Paille moisie (2)

J'ai étudié un très grand nombre de pailles de Blé et d'Avoine, ayant l'odeur de moisi, et, dans tous les cas, l'altération était due à la même cause. Je prendrai comme exemple une paille d'Avoine moisie de la récolte de 1903 et provenant de l'Indre.

Au lieu d'être jaune, comme le sont, à l'ordinaire, les pailles d'Avoine, celle-ci est terne, grisâtre, a perdu son luisant et exhale une odeur de moisi très nette. On voit, à l'œil nu, que les tiges et les feuilles adhérentes sont couvertes d'un enduit blanchâtre, pulvérulent, formé de colonies confluentes ; en certains endroits, on distingue très nettement les colonies isolées, sous forme de petits grains blancs répartis sur toute la surface. Si l'on secoue cette paille, il s'en échappe une poussière très fine constituée par des spores.

(1) Provenant de Nantes et de Bordeaux.

(2) BROCQ-ROUSSEU. — *Paille moisie* (Revue générale de Botanique, t. XVII, 1905, p. 117).

BROCQ-ROUSSEU. — *Étude sur une paille moisie* (Bulletin de la Société Centrale de Médecine vétérinaire, 30 avril, 1905).

J'ai semé des fragments de cette paille sur différents milieux, et parmi les espèces les plus constantes, j'ai isolé :

Un Verticillium,
Un Aspergillus,
Un Penicillium,
Un Streptothrix.

Seule la culture du Streptothrix reproduit l'altération avec son odeur. En effet, semé sur de la paille stérile, l'Aspergillus donne une culture noire ; le Penicillium une culture verte, et le Verticillium forme une sorte de toile d'araignée blanche ; aucune de ces trois espèces ne reproduit donc une altération semblable à celle de la paille étudiée ; elles n'ont pas, de plus, l'odeur de moisi.

Le Streptothrix isolé de cette paille a les mêmes caractères que celui isolé des grains.

Les preuves de son action dans l'altération de cette paille sont fournies par les faits suivants :

a) Il existe sur la paille altérée. — On le reconnaît facilement à l'examen direct, et, si on sème des fragments de la paille sur gélose, au bout de quelques jours le développement du Streptothrix est très abondant ;

b) En mettant des fragments de paille à l'humidité, on accentue l'altération ;

c) On peut reproduire l'altération en semant ce Streptothrix sur de la paille stérile.

CONCLUSION. — *La cause de l'altération des pailles moisies est un Streptothrix qui a les mêmes caractères que celui isolé des grains moisis.*

Fourrages moisis

J'ai étudié :
1° Du foin de prairie naturelle ;
2° De la Luzerne ;
3° Du Trèfle ;
4° Du Sainfoin.

Il s'agissait, dans les quatre cas, de fourrages moisis qui exhalaient une odeur très prononcée, se percevant à distance.

Des fragments de ces espèces, semés sur différents milieux, m'ont permis d'isoler une flore extrêmement nombreuse. Parmi toutes les espèces isolées, une seule s'est montrée constante : un Streptothrix.

Ce Streptothrix a les mêmes caractères que celui que j'ai isolé des grains et des pailles moisis.

Les preuves de son action exclusive dans la production de l'altération peuvent être données comme dans tous les cas précédents.

CONCLUSION. — *La cause de l'altération des fourrages moisis est un Streptothrix ayant les mêmes caractères que celui isolé des grains et des pailles moisis.*

CHAPITRE III

UNICITÉ DE CAUSE DE L'ALTÉRATION

Les Streptothrix que nous avons isolés des grains et des fourrages précédemment étudiés (Avoine, Blé, Maïs, Orge, Seigle, Paille, Trèfle, Luzerne, Foin, Sainfoin) présentent dans les cultures le même aspect et les mêmes caractères morphologiques communs :

a) Ils constituent une seule et même espèce. En effet, semons l'un d'entre eux sur des grains de chacune des autres espèces végétales considérées : ce Streptothrix développe et produit, dans chaque cas, la même altération avec production d'odeur de moisi que s'il s'agissait, pour chacun de ces grains, du Streptothrix provenant de son altération propre;

b) Cette espèce est extrêmement répandue sur les grains et les fourrages de quelque provenance qu'ils soient : nous l'avons, en effet, isolé deux cent trente-trois fois d'échantillons appartenant à dix espèces de grains ou de fourrages récoltés, non seulement dans diverses régions de la France, mais encore à l'étranger (Russie, Blé ; Suède, Avoine; Amérique, Maïs ; etc., etc.);

c) Enfin, son action ne se limite pas à l'altération des grains et des fourrages; il semble se développer normalement sur toutes les substances organiques.

Prenons, en effet, comme exemple des matières sur lesquelles nous l'avons trouvé produisant son altération :

1° Une espèce végétale très commune dans les champs : un Chardon moisi ;

2° Un milieu complexe comprenant des végétaux en voie de décomposition et des matières organiques d'origine animale : le fumier ;

3° Un tonneau moisi ;

4° Une matière d'origine animale : des asticots moisis.

Chardon moisi

L'espèce étudiée est le *Carduus nutans*, qui croît abondamment dans les champs de Blé et d'Avoine et se trouve fauché avec les Graminées au moment de la moisson.

Le Chardon étudié a une odeur de moisi très nette: ses tiges, sur toute leur longueur, sont couvertes d'une culture blanche formant des plaques très étendues : les feuilles sont également blanches.

L'ensemencement de fragments de Chardon sur différents milieux a permis d'isoler les espèces suivantes :

Un Rhizopus,

Un Sterigmatocystis,

Un Streptothrix,

Diverses Bactéries.

Ni le Rhizopus, ni le Sterigmatocystis ne reproduisent,
sur des tiges de Chardon stérilisées, une altération comparable à l'altération naturelle ; le Streptothrix seul la reproduit
avec son odeur.

L'examen direct montre que, sur le Chardon moisi, le
Streptothrix s'y trouve à l'état de culture très abondante. En
semant des fragments sur gélose, ils se couvrent rapidement,
ainsi que le milieu, d'une culture Blanche.

On peut accentuer l'altération et, ainsi que je l'ai dit,
la reproduire.

L'étude morphologique et celle des cultures, montrent qu'il
s'agit bien du même Streptothrix que celui des grains et des
fourrages moisis.

On peut, en le semant sur tous les grains étudiés, reproduire l'altération caractéristique.

Fumier

Ce que nous savons, concernant l'existence générale du
Streptothrix, nous autoriserait à penser, *a priori*, qu'il doit
se trouver dans tous les fumiers et s'y développer abondamment en raison de l'humidité et de la chaleur.

Si l'on examine du fumier, on s'aperçoit que sur un grand
nombre de brins d'origine végétale, pousse un champignon,
qui forme à leur surface de longues cultures gris blanchâtre ;
la réunion de ces fragments végétaux ainsi altérés constitue
parfois des plaques blanches de large étendue, très visibles
dans les parties superficielles.

Sur les matières excrémentitielles, on voit même des
cultures blanches, arrondies, analogues aux cultures pures
du Streptothrix sur gélose.

J'ai étudié un certain nombre de fumiers de diverses provenances, pour rechercher si ce n'était pas le Streptothrix des
grains moisis qui se développait ainsi. Les éléments de la
flore de ces fumiers ont été extrêmement nombreux ; j'y ai
reconnu la présence d'un Streptothrix que son étude a
permis d'identifier avec le Streptothrix des grains et fourrages moisis.

Je l'ai recherché, depuis, un très grand nombre de fois, et
je puis dire que je l'ai trouvé dans tous les fumiers que j'ai
examinés.

Sa présence n'est manifeste que dans les parties supé-
rieures et moyennes du tas de fumier ; en approchant du fond,
les conditions d'aération et de température lui sont défavorables, et les fermentations ammoniacale et forménique
empêchent son développement.

Si j'ai tenu à montrer l'existence de ce Streptothrix dans les
fumiers, c'est que sa présence dans ces conditions, en cultures
abondantes, nous fait acquérir une notion importante au point
de vue de son évolution générale. L'épandage des fumiers a

pour effet de le répandre sur les champs de culture et d'assurer sa grande dissémination.

Tonneau moisi

A l'ouverture de la bonde d'une tonne de 600 litres, je perçus une odeur de moisi très forte ; je fis défoncer cette tonne. Tout l'intérieur était tapissé d'une culture blanche très abondante, qui différait nettement par sa teinte du dépôt de sels formé à la surface du bois et dont la couleur était rose pâle (1).

La flore des espèces vivant à la face interne de ce tonneau était la suivante :

1° Un Penicillium ;

2° Des levures ;

3° Un Streptothrix.

L'examen direct de la culture blanche montra qu'il s'agissait bien d'un Streptothrix. Le Penicillium formait sur le bois des taches vert foncé.

Des fragments des douves, semés sur gélose, montrèrent au bout de peu de jours un développement abondant du Streptothrix.

J'ai pu reproduire l'altération, en semant le Streptothrix sur des morceaux de bois provenant d'un tonneau quelconque.

Ce Streptothrix avait tous les caractères de ceux isolés des grains et des fourrages moisis.

Larves de mouches moisies

Il s'agit de pupes en tonnelet de deux espèces de Diptères : la mouche bleue de la viande (*Calliphora vomitoria*) et la Lucilie Caesar (*Lucilia Caesar*).

Ces pupes m'ont été données par M. Gessard, qui au cours de ses recherches sur la coloration des mouches, vit un jour toutes ses pupes envahies à leur surface par une culture blanche formée par le même Streptothrix que celui des grains moisis.

Ces pupes répandaient une odeur de moisi très forte.

L'intérêt de cette constatation réside en ce fait qu'il s'agit ici d'un développement du Streptothrix sur des matières d'origine animale, vraisemblablement aux dépens des substances albuminoïdes enfermées dans la trame de chitine qui constitue la pupe elle-même.

De ces quelques exemples, on peut conclure que, dans certaines conditions de chaleur et d'humidité, les substances organiques les plus diverses peuvent être altérées par un Streptothrix très répandu dans la nature, et qui, vraisemblablement, joue un rôle important dans leurs transformations et dans la circulation de la matière vivante à la surface du globe.

(1) Au mois de septembre 1906, j'ai fait défoncer plusieurs tonneaux sentant le moisi, et j'ai toujours trouvé à leur intérieur des cultures très abondantes de ce Streptothrix.

CHAPITRE IV

ÉTUDE DU STREPTOTHRIX DASSONVILLEI

Caractères des Cultures

I. — MILIEU AÉROBIE. — En présence de l'air, le *Streptothrix Dassonvillei* pousse bien sur les milieux suivants, en donnant naissance à une odeur de moisi très prononcée :

1° *Bouillon peptone.* — Il forme dans le bouillon des touffes isolées, grisâtres, circulaires, qui viennent se déposer au fond du tube sous forme d'un amas blanchâtre ; à la surface du milieu, il produit des efflorescences blanches, d'abord isolées, puis confluentes, qui finissent par former à la surface du bouillon un voile blanc, continu, d'aspect farineux. Le bouillon reste toujours limpide. Parfois dans les cultures âgées, le milieu prend une teinte brune plus ou moins foncée pouvant aller jusqu'au brun noir.

2° *Gélose peptonisée.* — Au début, la culture est de couleur grisâtre, de consistance ferme, irrégulièrement arrondie, à bords nets et surélevée en son centre : elle adhère très fortement au milieu. Plus tard, apparaît au centre un point blanc qui s'agrandit et, gagnant circulairement en étendue, finit par couvrir complètement la première forme de la culture d'une efflorescence blanche, farineuse, se détachant très facilement.

3° *Gélatine.* — Il forme sur ce milieu des taches blanches, arrondies, qui ne tardent pas à liquéfier la gélatine.
Lorsque la liquéfaction est complète, les parties, au contact de l'air, prennent l'aspect efflorescent décrit plus haut.

4° *Sérum gélatinisé.* — Même aspect que sur gélose; liquéfaction lente du milieu.

5° *Substances végétales.* — Sur les grains et les fourrages stériles suffisamment humides, le Streptothrix pousse en donnant des cultures blanches envahissant progressivement les surfaces exposées à l'air.

6° *Pomme de terre ordinaire ou glycérinée.* — La culture est blanche, sèche, d'aspect plâtreux, s'étendant jusqu'à envahissement complet du milieu. Souvent, sur les bords de la culture, la pomme de terre devient violette ou violet-noir.

D'une façon générale, le Streptothrix pousse mieux sur les milieux albuminoïdes que sur les milieux hydrocarbonés.

II. — MILIEU ANAÉROBIE. — En milieu anaérobie, le développement est extrêmement faible, presque nul.

Tandis qu'en aérobie, le Streptothrix donne, au bout de huit jours, une culture luxuriante et abondamment sporulée, en anaérobie, au contraire, il n'y a, pour ainsi dire, pas de culture apparente.

Cependant, le Streptothrix n'est pas tué par son séjour en milieu anaérobie, car, si après plusieurs mois on ouvre les tubes, le développement devient abondant et on voit apparaître les efflorescences.

Caractères morphologiques

Le Streptothrix se colore bien par toutes les méthodes usuelles : il prend le Gram.

I. — APPAREIL VÉGÉTATIF

Le *Streptothrix Dassonvillei* est constitué par des touffes de filaments droits ou ondulés, enchevêtrés les uns dans les autres ; leur largeur varie de 0.5 à 1µ ; ils se ramifient en rameaux courts et à angle droit (Planche I, fig. 1 et 5 ; planche II, fig. 1).

Lorsque les filaments sont âgés, le protoplasma est dégénéré ; s'il s'agit d'un filament étroit et mince, on voit de gros granules rangés en une série unique, qu'au premier abord on prendrait pour des spores [Planche I, fig. 7 et 9 (*d*) ; Planche II, fig. 2].

Si le filament est large, les granules peuvent se trouver rangés en deux séries plus ou moins régulières, fait qui est mieux en rapport avec l'hypothèse d'une forme de dégénérescence protoplasmique, qu'avec celle d'une forme sporulée [Planche I, fig. 7 et 9 (*e*)].

Suivant diverses conditions particulières à l'âge, à la nature des milieux, etc., l'appareil végétatif peut présenter diverses formes :

1° *Des formes bacillaires*. —[Planche I, fig. 2 et 6 (*a*) ; Planche III, fig. 1]. A côté des filaments décrits plus haut, on en trouve d'autres qui sont cloisonnés assez irrégulièrement de façon à constituer des chaînes d'articles courts, qui, après leur dissociation, pourraient être pris pour des bacilles étrangers à la culture. Ainsi que j'ai pu m'en assurer par un très grand nombre d'examens, portant sur un grand nombre de cultures, il s'agit bien d'une forme particulière du Strep-

tothrix : on trouve, en effet, ces formes cloisonnées en place
sur le trajet d'un filament ailleurs continu, et, d'autre part,
dissociées dans la culture [Planche I, fig. 2 et 6 (*b*); Planche III,
fig. 2.]

Il ne sera peut être pas inutile d'insister sur cette forme
du parasite qui ne paraît pas avoir été toujours bien comprise au point de vue morphologique, et qui pourrait faire
douter de la pureté des cultures.

Ces formes ont été déjà décrites par Gasperini, en étudiant le *Streptothrix Fœrsteri* (1) : « Quand on examine quel-
« que temps après son développement la croûte blanche
« qui s'est formée sur la gélose, on croirait avoir sous les
« yeux une culture de *bactéries fortement impure.* »

De même, Silberschmidt écrit à propos du *Streptothrix
caprae* (2) : « En examinant les cultures superficielles sur
« gélose ou en bouillon, âgées de quelques jours, on remarque
« que les formes courtes, *bacillaires*, prédominent et ont
« remplacé les filaments plus ou moins ramifiés du début. »

2° Des formes de fragmentation. — Ces formes sont produites par la condensation du protoplasma en différents
points du mycélium ; elles sont réparties dans les filaments
d'une façon très irrégulière. Le protoplasma, se condensant
sur des longueurs très inégales, sépare le filament en un
certain nombre d'espaces de longueurs différentes, alterna-
tivement pleins et vides. (Planche I, fig. 3 et 4.)

On doit très probablement considérer comme une forme
spéciale de fragmentation certaines ondulations des filaments
représentant une ligne brisée à angles plus ou moins aigus;
le filament paraît, dans ce cas, prêt à se scinder en un certain nombre de boutures. (Planche II, fig. 1; Planche I, fig. 2.)

II. — ORGANES DE REPRODUCTION

Formes oospora. (Planche I, fig. 8; Planche IV, fig. 1 et 2). —
A l'extrémité d'un filament plein, le protoplasma se condense
et donne naissance à des spores en chapelet et à développement centripète. La spore est ovale, une fois et demie
plus longue que large. C'est sous cette forme qu'on trouve
le champignon dans sa station naturelle et aussi dans les
cultures sur grains humides.

Le *Streptothrix Dass.* produit à la surface des cultures
une efflorescence blanche analogue à celle de la plupart des
autres Streptothrix, et qui, d'après les auteurs, serait constituée par des spores.

Il s'agit bien de spores en effet. Pour en obtenir la
vérification, j'ai inclus dans la paraffine de toutes jeunes

(1) GASPERINI. — *Recherches morphologiques et biologiques sur le Str. Fœrsteri* (Annales de micrographie, 1890, t. II, p. 462).
(2) SILBERSCHMIDT. — *Sur un nouveau Streptothrix pathogène* (Annales de
l'Institut Pasteur, t. XIII, 1899, p. 811).

efflorescences, ayant environ 5 millimètres de diamètre, en prenant soin de ne rien changer, autant que possible, aux rapports des éléments entre eux (1).

Voici d'ailleurs la technique que j'ai employée : fixation 24 heures dans le sublimé acide ; après lavage, déshydratation par le séjour de 24 heures chaque fois dans la série des alcools à 60°, 70°, 80°, 90°, 100° ; éclaircissement par le séjour de 24 heures dans le xylol ; montage et inclusion par le passage dans le xylol-paraffine et dans la paraffine pure.

Sur les coupes pratiquées au 150ᵉ et 300ᵉ de millimètre, on constate que la partie immergée dans le bouillon est constituée par des filaments enchevêtrés servant de base à l'efflorescence (Planche V, fig. 2) ; que la partie émergée n'est pas formée de filaments entiers, mais de chapelets de spores qui, dans les régions superficielles, sont complètement dissociées et forment des amas libres. (Planche V, fig. 1).

En résumé, le *Streptothrix Dassonvillei* se présente sous forme de touffes mycéliennes ramifiées donnant ou non des organes de dissémination (formes bacillaires et de fragmentation). Il produit des organes de résistance (spores), et en vieillissant il subit une dégénérescence d'aspect assez particulier.

Caractères biologiques

I. — INFLUENCE DES DIVERS AGENTS SUR LE DÉVELOPPEMENT DU STREPTOTHRIX

Influence des milieux alcalins, neutres ou acides

Pour rechercher l'influence de la réaction du milieu sur le développement du champignon, j'ai fait plusieurs séries de tubes de bouillon peptonisé dont je faisais varier la réaction en ajoutant des proportions convenables d'une solution normale de soude ou d'acide sulfurique. J'obtenais ainsi trois séries de milieux de culture :

1° Une série basique à basicité de 1 à 8 % :
2° Une série exactement neutralisée ;
3° Une série acide à acidité de 1 à 8 % .

Après deux mois de culture, l'examen comparatif a donné les résultats suivants dans un groupe de ces trois séries :

A. *Série basique.* — Développement abondant du champignon dans tous les tubes ; les tubes à 1 et 2 % de basicité contiennent des spores ; à 2, 3..... 8 % il n'y a plus formation de spores à la surface des bouillons.

(1) Le matériel le plus avantageux pour cette étude est une culture en bouillon peptone ; à la surface du liquide nagent de petites taches blanches isolées dont le diamètre varie de 1 millimètre à 2 et 3 centimètres.
La culture en boîte de Roux qui permet un large accès de l'air, est particulièrement très favorable à la formation de nombreuses efflorescences.

B. *Série neutre*. — Développement un peu moins abondant que dans la série basique ; formation de spores dans tous les tubes.

C. *Série acide*. — A 1 $\frac{0}{0}$, développement appréciable ; 2 $\frac{0}{0}$, développement très faible, colonies très petites : 3, 4.....8 $\frac{0}{0}$, développement nul.

Les autres séries de cultures ayant donné des résultats identiques, il est permis de tirer la conclusion suivante : Le *Streptothrix Dassonvillei* pousse bien en milieu neutre et basique et il ne supporte qu'une acidité très faible ; la formation des spores semble être entravée par une proportion élevée de base.

Influence des sels minéraux

Avec trois gouttes d'une même culture, rendue aussi homogène que possible par agitation, j'ensemence le contenu de tubes disposés en séries de 5 et renfermant chacun les éléments indiqués dans le tableau ci-dessous, qui donne également les résultats correspondants après huit jours de culture :

Séries	CONTENU DE CHAQUE TUBE		SEL ajouté à chaque tube à raison de $0^{gr}.04^{cc}$	RÉSULTAT AU 8e JOUR	
1e Série	Solution de Knopp	Asparagine ($^0/_{1000}$)	$(AzH^4)^2So^4$	Développement nul	
2e id.	id.	id.	K^3Po^4	id.	très peu abondant.
3e id.	id.	id.	témoin	id.	assez abondant.
4e id.	id.	id.	AzH^4Azo^3	id.	abondant.
5e id.	id.	id.	$K Azo^3$	id.	très abondant.
6e id.	id.	id.	$Na Azo^3$		

Les différences observées ci-dessus se sont accentuées avec l'âge.

De l'examen de ce tableau, il résulte que :

1° Les azotates favorisent le développement du champignon ;

2° Le phosphate de potasse et le sulfate d'ammoniaque semblent exercer une action nuisible.

Il est à remarquer que les nitrates de potasse et de soude, qui favorisent la croissance du champignon, sont fréquemment employés comme engrais et, consécutivement, doivent

(1) Voici la formule de la solution de Knopp employée :

Nitrate de chaux	1 gramme.
Nitrate de potasse	$0^{gr}.25.$
Phosphate de potasse	0 . 25.
Sulfate de magnésie	0 . 25.
Perchlorure de fer	3 gouttes.
Eau	1.000.

exercer une action parfois importante relativement à la dissémination du Streptothrix.

Influence de la lumière

Des cultures du Streptothrix sont entreprises dans des ballons contenant environ 10 litres de grains et placés de telle façon que la lumière n'arrive que d'un seul côté. Au bout de plusieurs mois, on constate que le champignon est très développé du côté placé à l'obscurité ; il l'est peu du côté de la lumière, comme on devait s'y attendre, la lumière exerçant une action retardatrice sur la croissance. Le fait est assez important à noter, en raison de la notion pratique qui en découle : tous les greniers et magasins sont en général obscurs, ce qui est de nature à favoriser le moisissement des grains. Il y aurait lieu, au contraire, d'assurer le plus largement possible l'éclairement de ces locaux, dans le but de retarder le développement du Streptothrix et, par conséquent, l'altération des grains et des fourrages.

J'ai recherché l'influence des lumières monochromatiques en cultivant le Streptothrix sous des cloches diversement colorées. Après deux mois d'expérience, il n'y avait aucune différence appréciable dans les cultures sous les divers écrans.

Influence de la température

a) Températures basses. — Des cultures soumises à des températures de 10° pendant plusieurs heures sont restées vivantes.

b) Températures élevées. — 1° *Sur les cultures.* — De nombreuses séries de cultures, soumises à l'état sec à des températures de plus en plus élevées, ne se sont plus montrées revivifiables après un maintien à 70° pendant 10 minutes.

En chaleur humide, le parasite est tué par un séjour de 10 minutes à 65°.

2° *Sur le parasite dans sa station naturelle.* — En soumettant à l'action de la chaleur en milieu sec et en milieu humide des grains altérés artificiellement, j'ai obtenu des résultats très divers. Peut être les variations sont-elles sous la dépendance de l'âge des spores soumises à l'action de la chaleur. Quoiqu'il en soit, sous la forme sporulée qu'il a généralement sur les grains, le champignon résiste à des températures plus élevées que dans les cultures : il n'est tué, le plus souvent, qu'après un maintien pendant 10 minutes à une température variant de 93 à 95° ; mais parfois, il résiste à plus de 100° pendant le même temps.

II. — ACTION DU STREPTOTHRIX SUR LES DIFFÉRENTS MILIEUX

A. — *Action sur les matières albuminoïdes*

Dans toutes les cultures du Streptothrix sur les milieux albuminoïdes, il y a production considérable d'Ammoniaque.

Dans le liquide d'une culture contenant $0^{gr}168$ de champignon sec, nous avons trouvé $0^{gr}118$ d'Ammoniaque, soit 70 grammes d'Ammoniaque pour 100 grammes de Streptothrix (1).

La production d'Ammoniaque par un Streptothrix avait du reste été déjà signalée dans les cultures du *Str. Chromogenes* (2).

Nous ne ferons pas, bien entendu, une étude détaillée de l'action du *Streptothrix Dassonvillei* sur les albuminoïdes, le nombre des produits secondaires nés de la fermentation de ces corps étant considérable et, jusqu'ici, insuffisamment connu.

Nous examinerons simplement l'action de ce champignon : 1° sur le lait ; 2° sur le blanc d'œuf ; 3° sur la peptone ; 4° sur la tyrosine.

Action sur le lait

Dans le lait, le Streptothrix pousse abondamment. Au bout de quarante-huit heures environ, le lait est coagulé ; le coagulum est ensuite dissous petit à petit, jusqu'à sa disparition complète. Il y a donc d'abord précipitation puis digestion de la caséine.

Dans du lait additionné de teinture de tournesol, la teinte bleue du début passe au rouge vineux. Ce changement de couleur correspond à une réduction de la teinture de tournesol, car si on agite le tube de culture, le contact de l'air rendu plus intime suffit à oxyder le milieu qui reprend dès lors sa couleur bleue. Au bout de deux semaines environ, le milieu devient complètement incolore.

La coagulation du lait, puis la digestion du coagulum nous ont incité à rechercher si le Streptothrix sécrète de la présure et de la caséase.

a Sécrétion de présure. — Disons de suite que le champignon sécrète de la présure que j'ai mise en évidence de la façon suivante : par filtration, j'ai recueilli le voile épais et abondant d'une culture de Streptothrix dans du lait. Après dessiccation rapide de ce voile dans le vide, je l'ai trituré dans de l'eau physiologique stérile, et j'ai aussitôt filtré sur une bougie Chamberland F. : 20 centimètres cubes du filtrat sont ajoutés à 250^{cc} de lait stérilisé. Au bout de quelques jours,

(1) BROCQ-ROUSSEU et PIETTRE. — *Comptes rendus Ac. Sciences*, 20 mai 1906.
(2) MACÉ. — *Traité de Bactériologie*, 1901, p. 1078.

alors que le témoin était demeuré intact, le lait additionné des produits dérivés de la culture était coagulé, ce qui indique qu'il renfermait une présure.

b) Sécrétion de caséase. — Ainsi qu'il a été dit plus haut, dans les cultures du Streptothrix dans le lait il y a d'abord coagulation, et ensuite digestion de la caséine.

Pendant que la digestion s'opère, il se forme dans le milieu trois couches distinctes :

1° Une couche supérieure constituée par de la matière grasse ;

2° Une couche moyenne, formée par un liquide légèrement jaunâtre, opalescent, presque transparent, dans lequel nagent des grumeaux de caséine ;

3° Une couche inférieure formée par le coagulum non digéré.

La même méthode qui a servi à montrer la sécrétion de présure montre aussi nettement la présence de la caséase.

Le filtrat provenant du champignon trituré dans de l'eau physiologique, ajouté à du lait stérile, reproduit exactement les phases d'une culture du Streptothrix dans du lait. Au début, il y a coagulation due à la présure, ainsi qu'il a été dit plus haut ; dans la suite, il se produit une liquéfaction progressive du milieu : on distingue alors, comme dans une culture en lait, une couche supérieure constituée par des globules gras, une couche moyenne, opalescente, dans laquelle nagent des grumeaux de caséine, et une couche inférieure formée par le caillot en voie de destruction. La digestion se continue jusqu'à la disparition complète de la caséine ; il y a donc, de la part du Streptothrix, sécrétion d'une diastase produisant les effets habituels de la caséine.

Il est inutile d'ajouter que dans un ballon témoin, le phénomène ne s'est pas produit.

Action sur le blanc d'œuf

Des cubes de blanc d'œuf sont introduits dans des tubes, avec un peu d'eau ; le tout est stérilisé. On ensemence avec le Streptothrix qui, en quelques jours, abondamment développé, forme à la surface de l'albumine ses efflorescences.

Le blanc d'œuf devient transparent et, en même temps, se colore en brun ; à la longue, il est liquéfié ; au fur et à mesure, le liquide du fond du tube devient sirupeux.

Quinze jours après l'ensemencement, j'ai filtré le liquide et j'ai soumis le filtrat aux réactions des peptones.

1. — Le réactif de Millon donne, à froid, un précipité blanc abondant ; au bout de quelques instants, le liquide devient rose ; cette couleur devient très intense, si on chauffe légèrement.

3. — La réaction du biuret donne une couleur bleu violet intense.

Ces deux réactions caractéristiques des peptones suffisent à établir que le Streptothrix sécrète une trypsine.

Action sur la peptone

Recherche de l'Indol. — J'ai ensemencé le Streptothrix dans la solution suivante :

Eau...................... 100cc
Peptone Chapoteaud........... 3 grammes
Chlorure de Sodium .... 1 —

après m'être assuré, à l'aide d'une culture de *Bacillus coli*, que l'échantillon de peptone était apte à produire rapidement de l'indol.

Le développement du champignon a été très abondant.

L'indol a été recherché pendant quinze jours consécutifs à l'aide des méthodes de Nencki (1) et de Salkowski (2) : le résultat a toujours été négatif.

Le Streptothrix utilise donc la peptone sans donner lieu à la production de l'indol.

Action sur la Tyrosine

Nous avons vu que, dans les cultures en bouillon, le milieu prend une coloration brune et que, sur pomme de terre, le substratum prend parfois une teinte allant du rose au violet noir.

A priori, il était vraisemblable que ces colorations étaient dues à la production de tyrosinase par le champignon.

Pour mettre le fait en évidence, j'ai fait de nombreuses cultures en bouillons et en solutions minérales additionnées de tyrosine en quantité préalablement déterminée. Or, parfois, les milieux de culture ont viré du rouge au brun, indice certain d'une production de tyrosinase, mais parfois, aussi, il n'y a pas eu de changement dans la coloration des milieux, ce qui indique que, dans ces cas, il ne s'était point formé de tyrosinase.

Le champignon sécrète donc de la tyrosinase, mais cette production n'est pas constante et il ne nous a pas été possible de préciser les conditions qui sont nécessaires à la formation de cette diastase.

B. — *Action sur l'Urée*

La culture est faite dans le milieu suivant :

Eau distillée.............. 50
Urée..................... 1
Peptone.................. 0gr 50

----

(1) *Réaction de Nencki.* — On ajoute à la culture quelques centimétres cubes d'acide acétique puis 2cc d'alcool éther ; on fait évaporer et le résidu est traité par le nitrite de potasse et l'acide sulfurique.

(2) *Réaction de Salkowski.* — On ajoute 10 gouttes de nitrite de potasse à 0,02 pour 100, puis 20 gouttes d'acide sulfurique.

La présence de l'indol se révèle par une coloration rose.

Le développement est très abondant ; il se forme de nombreuses petites houppes de mycélium, mais pas d'efflorescences, ou en nombre très réduit et de très petites dimensions.

Après six semaines de culture, l'urée du milieu (dosée suivant la méthode d'Yvon) est exactement en même quantité qu'au début de l'expérience.

Le Streptothrix ne sécrète donc pas d'uréase.

C. — *Action sur les hydrates de carbone*

Le Streptothrix a été ensemencé sur différents milieux contenant des hydrates de carbone, car il nous paraissait intéressant de rechercher, d'une part s'il était capable de transformer l'amidon en dextrine et maltose ou de faire fermenter un sucre en C^6.

1° *Sur l'amidon.* Sur empois d'amidon, le développement est florissant et donne lieu à de nombreuses efflorescences.

Pendant plus d'un mois, j'ai cherché chaque jour s'il y avait formation de dextrine ou de sucre ; le résultat a été négatif dans tous les cas.

Le champignon ne sécrète donc pas d'amylase.

2° *Sur l'inuline.* — Le développement n'a pas donné lieu à une production de lévulose : le Streptothrix ne sécrète donc pas d'inulase.

3° *Sur le glucose.* — L'ensemencement est fait dans le milieu suivant :

Glucose pur	5ᵍʳ
Succinate d'ammoniaque	5ᵍʳ
Phosphate neutre de potasse	2,5
Sulfate de magnésie	1,25
Chlorure de calcium	0,62
Eau	500ᵍʳ

Avant l'ensemencement, le pouvoir réducteur du milieu est déterminé. Il est rigoureusement le même après cinquante jours de culture.

Le Streptothrix ne transforme donc pas le glucose.

4° *Sur la cellulose.* — En raison de la grande diffusion du Streptothrix dans la nature et de sa présence maintes fois constatée sur les substances végétales les plus variées, j'ai cherché s'il n'était pas capable de faire fermenter la cellulose.

De nombreuses cultures entreprises sur de grandes masses de cellulose aussi pure que possible (*filtre Berzélius, cendres* 0^{gr} *00127*) se sont assez bien développées, mais la cellulose introduite était intacte après plusieurs mois d'expérience. Le champignon ne semble donc pas attaquer la cellulose.

D. — *Action sur les nitrates*

Le Streptothrix poussant bien dans les milieux renfermant des nitrates, j'ai voulu voir s'il avait une action dénitrifiante. Les ensemencements ont été faits :

1° Dans une solution ayant la composition suivante :

```
Nitrate de potasse........        1 gramme.
Peptone...................        1    —
Eau distillée.............       100    —
```

2° Dans du bouillon peptone contenant 1 % de nitrate de potasse.

A aucun moment il n'y a eu de dégagement gazeux ni dans l'une, ni dans l'autre des deux solutions.

La recherche des nitrites à l'aide du réactif de Griess a toujours donné des résultats négatifs (1).

E. — *Action sur les animaux*

Toutes les inoculations de ce Streptothrix aux animaux ont eu un résultat négatif. Avec des cultures d'âges différents, j'ai pratiqué chez le lapin et le cobaye des injections sous la peau, dans le péritoine, dans les plèvres et dans les veines ; en outre, j'ai introduit des grains moisis dans le péritoine, sous la peau, dans les parotides de cobayes et de lapins, dans des mamelles de chiennes en lactation, etc. ; dans aucun cas je n'ai constaté de lésions consécutives à l'inoculation.

J'ai recherché aussi s'il sécrétait une toxine. En injectant à haute dose les filtrats concentrés provenant de cultures de différents âges à des animaux, je n'ai jamais constaté l'apparition d'aucun phénomène d'intoxication.

Ce Streptothrix ne semble donc pas pathogène.

III. — Rôle probable du Streptothrix dans la nature

Le groupe des Streptothrix ne paraît pas, à l'heure actuelle, avoir de rôle bien déterminé dans les grands phénomènes naturels, comme certains autres groupes dont l'action nous est bien connue.

---

(1) La réaction de Griess s'obtient à l'aide des deux solutions suivantes :

SOLUTION A.		SOLUTION B.	
Chlorhydrate de naphtylamine...	$0^{gr}20$	Acide Sulfanilique............	1^{gr}
Acide chlorhydrique...........	1^{cc}	Eau distillée............	100^{cc}
Eau distillée..........	100^{cc}		

En ajoutant au tube contenant la culture 1^{cc} de chaque solution, on obtient par agitation une coloration rouge s'il y a des nitrites.

La seule indication que nous trouvions, concernant le rôle probable d'un Streptothrix est la suivante :

Streptothrix Fœrsteri. — « Cette espèce doit jouer un rôle
« très important dans les processus de transformation de la
« matière organique dans le sol, et en particulier dans la for-
« mation de ces composés encore peu connus, désignés sous
« le nom de composés ulmiques ; ce serait un des agents de
« la production d'humus aux dépens des matières végétales
« mortes (1). »

Si nous nous reportons aux caractères des cultures de notre Streptothrix et à ses caractères biologiques, nous constatons qu'un fait saillant domine toute sa biologie : *il agit de préférence sur les matières albuminoïdes.*

Il vit sur les matières hydrocarbonées, mais sans modifier leur constitution : il ne transforme pas l'amidon ; il est sans action sur les sucres; il ne digère pas la cellulose. Sur les matières azotées, au contraire, son action est violente et rapide : il sécrète de la caséase et de la trypsine ; il digère les albuminoïdes, et cette action s'accompagne d'une production considérable d'ammoniaque.

Ce n'est donc pas un agent de transformation des matières ternaires, mais bien un agent puissant de destruction des albuminoïdes.

Son rôle dans la nature paraît donc assez nettement indiqué. Il doit être rangé dans ce groupe des organismes qui, en transformant l'azote organique en azote ammoniacal, préparent le terrain aux ferments nitreux et nitrique et permettent ainsi à la matière azotée organique de subir la nitrification.

Son rôle paraît donc important, étant donné la place considérable que les phénomènes de nitrification occupent dans la série des phénomènes de transformation de la matière.

Constitution chimique des Spores

Cultivé dans des boîtes de Roux ou des matras de Fernbach, qui assurent une large aération du milieu, le *Streptothrix Dassonvillei* produit de nombreuses efflorescences blanches.

En opérant sur un grand nombre de cultures entreprises dans ces conditions, nous avons pu recueillir un poids suffisant de spores pour entreprendre l'étude de leur constitution chimique (2).

Nous avons opéré sur des cultures âgées d'un mois, que nous avons débarrassées des flocons mycéliens en siphonant le liquide ; les efflorescences surnageant ont été recueillies,

(1) MACÉ. — *Traité de Bactériologie*, 1901, p. 1079.
(2) BROCQ-ROUSSEU et PIETTRE. — *Comptes rendus Académie des Sciences,* 28 Mai 1906.

puis lavées à neutralité. Leur masse, séchée à 110°, avait perdu complètement son odeur de moisi : elle dégageait alors une odeur agréable, rappelant celle de la fleur d'oranger.

L'analyse chimique des spores a montré les faits suivants (1) :

L'épuisement à l'éther enlève 1,35 pour 100 d'une substance soluble très vivement colorée en jaune et qui cristallise en grande partie.

Les cendres sont très légèrement bleuâtres (traces de Manganèse).

$$\text{p. } 100 \begin{cases} 7,8 \\ 7,9 \\ 7,92 \end{cases}$$

$$\text{Silice} \begin{cases} 0,25 \\ 0.20 \end{cases} \qquad \text{Phosphore} \begin{cases} 4,12 \\ 4,27 \end{cases}$$

C	H	Az	S	Cl
51,72	7,43	13,80	impondérable	0
51,33	7,38	13.64		

Cette analyse met en évidence quelques particularités :

Il y a lieu de remarquer l'absence du Chlore dans ces spores, qui sont nées dans un bouillon contenant 5 grammes de chlorure de sodium par litre (2). N'est-on pas conduit à conclure que le Chlore n'agit dans les cystoplasmes que comme un élément d'imbibition destiné à assurer un coefficient isotonique convenable et nécessaire au bon fonctionnement cellulaire?

Dans tous les cas, puisque le champignon n'introduit pas de Chlore dans ses spores, nous sommes conduits à penser que le Chlore n'est pas, en tout temps, indispensable à l'édification de la plante. Il a, du reste, été démontré que les chlorures, même à dose relativement peu élevée, peuvent être nuisibles à la végétation de certaines plantes (3).

Quant au Phosphore, il joue dans le développement de l'appareil sporifère un rôle très important, puisqu'il atteint, dans les cendres, une proportion de 53 p. 100 c'est-à-dire, plus de la moitié de leur poids. Ce rôle est comparable à celui qui lui a été déjà attribué dans la formation du noyau des globules rouges (4). Au point de vue de la teneur en Phosphore, ces

---

(1) A l'heure actuelle, il n'existe pas d'analyse portant sur les *spores* d'un champignon : les analyses connues ont été faites sur la substance totale de certains champignons supérieurs. (Voir ZOPF. *Die Pilze*, Breslau. 1890, p. 117.)

(2) La recherche du chlore et du soufre a été faite par la méthode de Carius (attaque en tube scellé par l'acide azotique de densité 1.5, en présence d'un excès de nitrate d'argent). Elle a été effectuée sur 0gr587 de matière.

(3) DASSONVILLE. — *Action des sels minéraux sur la forme et la structure des végétaux (Revue Générale de Botanique*, t. X, 1898).

(4) PIETTRE et VILA. — *Comptes rendus Ac. Sciences*. Avril 1906.

spores, comme les noyaux de ces globules, ont une composition voisine de celle des nucléines.

Le Phosphore existe dans ces spores à l'état de combinaison organique et joue un rôle capital dans les matières qui servent de substratum aux phénomènes de reproduction : il paraît être un élément essentiel de la plastique cellulaire, au même titre que l'Azote est un élément essentiel de la croissance. Une faible partie de l'Azote total se trouve combinée à la Chaux ; les phosphates seraient donc des constantes des éléments cellulaires.

Constatons enfin que la proportion de Silice est très faible, relativement à celle qu'on rencontre chez la plupart des végétaux supérieurs (1).

Spécificité du Streptothrix Dassonvillei

J'ai désigné sous le nom de *Streptothrix Dassonvillei* le champignon des substances végétales moisies.

Il y a lieu de rechercher maintenant si celui-ci représente bien une espèce nouvelle, ou si, parmi les Streptothrix décrits à l'heure actuelle, il en existe avec lesquels il se confond. L'étude des diverses espèces de Streptothrix est peu avancée et n'a pas permis, jusqu'à présent, d'en faire une classification. On en cultive actuellement une cinquantaine de types dont quelques-uns figurent dans les collections sous des noms différents sans qu'ils aient jamais été décrits. La plupart de ces Streptothrix ne sont pas définis par des caractères précis et beaucoup d'entre eux ont été considérés comme des espèces nouvelles qui doivent être rapportées à des types déjà existants.

A la fin de ce chapitre, nous avons donné une liste des Streptothrix connus, en énumérant pour chacun d'eux les principales différences qu'ils ont avec le *Streptothrix Dassonvillei*.

Dans l'impossibilité où l'on est de faire actuellement une classification, cette liste est établie par ordre alphabétique. La plupart de ces Streptothrix se distinguent du *Streptothrix Dassonvillei* par les propriétés pathogènes qu'ils présentent dès les premières cultures ; par un pouvoir chromogène constant ; par une résistance ou une sensibilité différente à la chaleur ; par les conditions normales de leur végétation ; par des pouvoirs fermentatifs spéciaux, etc., etc.

En groupant les Streptothrix d'après les plus importantes de ces indications, nous avons établi la liste des Streptothrix avec lesquels le *Streptothrix Dassonvillei* ne peut pas être confondu :

(1) Suivant Pfeffer, la proportion normale dans les végétaux varie de 18 à 23 p. 100 des cendres. (Voir PFEFFER, *Physiologie végétale, traduite par Friedel*, t. I, fasc. 2. p. 438-439.)

1° *Streptothrix pathogènes.* — Str. actinomyces, Str. alba, Str. asteroïdes, Str. bicolor, Str. de Bucholtz, Str. canis, Str. caprae, Str. cuniculi, Str. Dessy, Str. farcinica, Str. de Ferré et Faguet, Str. Gruberi, Str. lacerta, Str. Lignieri A, Str. madurae, Str. Rivieri, Str. de Rullmann et Perutz, Str. Spitzi.

2° *Streptothrix chromogènes.* — Str. d'Afanassiew et Schültz, Str. albido-flava, Str. aurantiaca, Str. aurea, Str. carnea, Str. cinereo-niger-aromaticus, Str. citreus, Str. Gabritchewski, Str. graminearum I et II, Str. Lignieri B, Str. luteo-roseus, Str. mordoré, Str. orangico-niger, Str. polychromogene, Str. pluricolor-diffundens, Str. rubra, Str. sulfureus, Str. Tschirchke A et B, Str. violaceus.

3° *Streptothrix ayant une résistance spéciale à la chaleur.* — Str. de Garten, Str. invulnerabilis, Str. hermophilus.

4° *Streptothrix à caractère spécial de végétation.* — Str. de Doyen et Roussel.

5° *Streptothrix ne sécrétant pas de présure.* — Str. chromogenes.

6° *Streptothrix faisant fermenter l'amidon.* — Str. Fœrsteri.

7° *Streptothrix faisant fermenter les sucres.* — Str. Hoffmanni.

8° *Streptothrix non décrits.* — Str. de Coyon, Str. de l'eau de l'Institut Pasteur, Str. de Gorce, Str. de Matrat, Str. du sérum.

Par l'examen de cette liste, on voit que, à l'exception du Streptothrix de Sabrazès et Joly, tous les Streptothrix connus (voir la liste ci-après) se distinguent du *Streptothrix Dassonvillei*, au moins par un caractère important.

Quant au Str. de Sabrazès et Joly, qui n'est pas caractérisé d'une façon précise, il se pourrait qu'il soit le même que le nôtre. D'après ces auteurs, ce champignon, en effet, est très fréquent dans les étables ; son aspect objectif en cultures est assez semblable à celui du *Str. Dassonvillei*, aspect qui, d'ailleurs, n'est pas caractéristique ; il présente des caractères morphologiques semblables à ce dernier ; comme lui, il exhale une odeur de moisi et a son optimum de développement à 37° ; mais ce sont là des caractères communs à un grand nombre de Streptothrix. Quand on lit la description que MM. Sabrazès et Joly ont donnée de leur Streptothrix, on se demande si ce n'est pas le même que le nôtre, mais les caractères qu'ils ont donné de leur champignon sont d'ordre trop général et insuffisamment précis pour qu'il y ait *certitude d'identité* entre les deux espèces.

Les propriétés biologiques de notre champignon, que

nous avons établies plus haut, nous semblent actuellement de nature à permettre de caractériser avec suffisamment de précision le champignon des fourrages moisis ; dès lors, nous nous croyons en droit de le considérer comme une espèce définie sans nous croire obligé de chercher à l'identifier avec une espèce qui ne l'est pas.

Liste des Streptothrix actuellement connus avec les caractères qui les DIFFÉRENCIENT du Streptothrix Dassonvillei

1. — **Streptothrix Actinomyces** (1). Harz

Cette espèce, appelée aussi *Actinomyces bovis*, est pathogène ; il pousse en anaérobie : les cultures sont jaune citron, jaune pâle ou jaune verdâtre.

2. — **Streptothrix d'Afanassiew et Schültz** (2)

Décrit par Protopopoff et Hammer (3) et retiré de quatre cas typiques d'actinomycose de l'homme.

Sur gélose, les colonies sont blanc jaunâtre, parfois brun foncé ; sur pomme de terre, colonies blanches ou brunes ; les spores ont un reflet gris verdâtre. Il est tué à 52° pendant dix minutes.

3. — **Streptothrix alba** (4). Bellisari

Isolé des poussières de Blé et d'Avoine avec deux espèces chromogènes. Il est pathogène pour le lapin.

4. — **Streptothrix albido-flava**. Rossi-Doria

Cultures jaunes sur gélose et sur pomme de terre : il colore le lait en jaune paille et liquéfie tardivement la gélatine.

5. — **Streptothrix asteroides** (5). Eppinger

Cultures jaune ocre sur gélose et rouge brique sur pomme de terre : ne liquéfie pas la gélatine ; pathogène pour le lapin et le cobaye.

(1) Harz. — *Actinomyces bovis*. Jahresbericht der Königl. Central. Thierarzneischule zu Münschen, 1858.

(2) Afanassiew et Schultz. — *Actinomycose de l'homme* (Encyclopédie des Sciences médicales, 1891, t. I, p. 100, en russe).

(3) Protopopoff und Hammer. — *Ein Beitrag zur Kenntniss der Actinomycesculturen* (Zeitschrift für Heilkunde. Bd. IX, p. 255).

(4) Bellisari. — *Sur la présence et le pouvoir pathogène de Streptothricées dans les poussières et résidus des céréales* (Annal. d'Igiene Speriment, t. XII, p. 467).

(5) Eppinger. — *Ueber eine neue pathogene Cladothrix und eine sie hervorgerafene Pseudotuberculosis* (Zieglers Beitrage zur pathol. Anat., 1890, Bd. IX, Heft 2, p. 287.)

6. — **Streptothrix aurantiaca.** Rossi-Doria

Sur gélose, pellicules d'une belle couleur orange, ne se recouvrant pas d'efflorescences blanches ; sur gélatine, colonies dont la couleur varie du jaunâtre à l'orange vif ; sur pomme de terre, colonies jaune orange.

7. — **Streptothrix aurea** (1). Dubois Saint-Sevrin

Cette espèce ne parait être qu'une variété du précédent.

8. — **Streptothrix bicolor** (2). Trolldenier

Les cultures blanches, au début, prennent en vieillissant une teinte jaune brun au centre. Pathogène pour beaucoup d'espèces.

9. — **Streptothrix de Bucholtz** (3)

Pathogène pour l'homme.

10. — **Streptothrix canis** (4). Rabe

Pathogène pour le chien.

11. — **Streptothrix caprae** (5). Silberschmidt

Sur gélose, les colonies sont brun clair, et sur pomme de terre, brun rosé.

Il ne liquéfie pas la gélatine ; ne coagule pas le lait.

Pathogène pour le lapin et le cobaye.

12. — **Streptothrix carnea.** Rossi-Doria

Sur gélose, colonies rouge orange ; sur pomme de terre, même coloration.

Ne liquéfie pas complètement la gélatine, et colore en rose les parties superficielles.

13. — **Streptothrix chromogenes.** Gasperini

Il ne liquéfie pas complètement la gélatine ; il colore la gélose en brun ; il ne coagule pas le lait.

14. — **Streptothrix cinereo-niger-aromaticus** (6). Berestnew

Sur gélose, colonies cendrées puis brun noir ; sur gélose glycérinée, pigmentation intense, les spores sont brunes ; sur pomme de terre, efflorescences cendrées, le milieu devient noir cirage.

Il pousse en anaérobie. Odeur aromatique très forte.

(1) Dubois Saint-Sevrin. — *Sur une conjonctivite* (Archives de médecine navale et col., avril 1895).

(2) Trolldenier. — *Sur un Streptothrix pathogène trouvé chez un chien* (Zeitschrift für Thiermed., 1903, p. 81).

(3) Bucholtz. — *Ueber Menschen pathogene Streptothrix* (Zeitschrift für Hygiene, mai 1897).

(4) Rabe. — *Ueber einen neuentdeckten pathogenen microorganismus bei dem Hunde* (Berliner Thierarztlische Wochenschrift, 1884, n°' 43-44).

(5) Silberschmidt. — *Sur un nouveau Streptothrix pathogène* (Annales Institut Pasteur, 1899, t. XIII, p. 844).

(6) Berestnew. — *L'Actinomycose et son étiologie* (en russe) [Thèse de Moscou, 1897, p. 175].

15. — **Streptothrix citreus** (1). Gasperini

Sur pomme de terre. pellicule colorée en jaune citron vif. Il ne donne généralement pas de spores.

16. — **Streptothrix de Coyon** (2)

Espèce non décrite.

17. — **Streptothrix cuniculi** (3). Schmorl

Il pousse en anaérobie. Suivant Berestnew, cette espèce ne doit pas être considérée comme un Streptothrix.

18. — **Streptothrix Dessy** (4). Gasperini

Il est pathogène pour les petits animaux et forme des abcès pseudo-tuberculeux.

19. — **Streptothrix de Doyen et Roussel** (5)

Il pousse très difficilement sur tous les milieux. Jamais les auteurs n'ont obtenu ces cultures vivaces qui caractérisent les cultures des Streptothrix saprophytes.

20. — **Streptothrix de l'eau de l'Institut Pasteur**

Espèce non décrite.

21. — **Streptothrix farcinica** (6). — Nocard

Il ne coagule pas le lait ; pathogène pour le cobaye, le mouton et le bœuf.

22. — **Streptothrix de Ferré et Faguet** (7)

Il est pathogène pour l'homme.

23. — **Streptothrix Fœrsteri** (8). — Cohn

Il pousse bien dans l'eau stérilisée et forme du sucre aux dépens de l'amidon.

24. — **Streptothrix Gabritchewski** (9) Berestnew

Sur gélose. les colonies sont rose brun ; le milieu se colore de même ; sur pomme de terre, la coloration est rose pâle, puis brun foncé et enfin brun violet ; il ne liquéfie pas le sérum. En bouillon. il fait un voile rose brun.

25. — **Streptothrix de Garten** (10)

Il pousse en anaérobie Il n'est pas tué par une température de 77° prolongée pendant vingt heures : il n'est tué qu'à 79° pendant douze heures.

(1) Gasperini. — *Ulteriori ricerche sul genere Actinomyces, Hers.* Pisa. 1894. p. 23.
(2) Coyon. — *Flore de l'estomac* (Thèse de Paris, 1900, p. 57).
(3) Schmorl. — *Ueber einen pathogenen Fadenbacterium* (Deutsch. Zeitsch. f. Thiermed., 1891, p. 375).
(4) Gasperini. — *Nuove ricerche sull actinomicosi sperimentale* (Estrato dai processi verbali della Soc. Toscana di Sc. nat.. Pisa. 1895).
(5) Doyen et Roussel. — *Atlas de microbiologie*, 1897, p. 155.
(6) Nocard. — *Sur la maladie des bœufs de la Guadeloupe, connue sous le nom de farcin* (Ann. Inst. Pasteur, 1888, p. 293).
(7) Ferré et Faguet. — *Sur un abcès du cerveau a Streptothrix* (Semaine médicale, 1895).
(8) Gasperini. — *Recherches morphologiques et biologiques sur un microorganisme de l'atmosphère, le Str. Fœrsteri* (Annales de micrographie, 1890, t. II. p. 162).
(9) Berestnew. — *L'Actinomycose* (Thèse de Moscou. 1897. p. 77).
(10) Garten. — *Ueber einen beim Menschen chronische Eiterungerregenden pleomorphen Mikroben* (Deutsch. Zeitsch. f. Chirur., 1895, Bd. XLI. Hf IV, p. 5).

26. — **Streptothrix de Gombert** (1)

Cette espèce doit être rapprochée du Str. Fœrsteri.

27. — **Streptothrix de Gorce**

Espèce non décrite.

28. — **Streptothrix graminearum I** (2). Berestnew

Sur gélose glycérinée et sucrée, les colonies sont jaune brun, puis couleur café : le pigment colore le milieu ; sur pomme de terre, les colonies sont de couleur variable, blanc, jaune, jaune brun.

29. — **Streptothrix graminearum II** (3). Berestnew

Sur gélose, l'efflorescence a parfois des reflets roses ou verts ; sur pomme de terre, les efflorescences passent au rose ou jaune canari ; il pousse en anaérobie.

30. — **Streptothrix Gruberi** (4). Terni

Il produit des pigments de différentes couleurs et est pathogène pour le cobaye.

31. — **Streptothrix Hoffmanni** (5). Gruber

Il pousse en anaérobie ; il forme aux dépens des sucres, de l'acide acétique et de l'alcool. Il est pathogène pour le lapin.

32. — **Streptothrix invulnerabilis** (6). Acosta et Grande-Rossi

Il est anaérobie facultatif, et sa résistance à la chaleur dépasse 100 et 120°.

33. — **Streptothrix lacerta** (7). Terni

Il donne un pigment jaune et est pathogène pour les animaux à sang froid.

34. — **Streptothrix Lignieri** (8) **A et B**. Rogelio Urizar

A. — Il donne des colonies roses sur gélose et est pathogène.

B. — Il forme à la surface des bouillons un voile verdâtre.

35. — **Streptothrix luteo-roseus** (9). Gasperini

Sur gélose, colonies brun verdâtre ; sur gélatine, colonies orange ; sur pomme de terre, efflorescences roses, le milieu devient rouge carmin.

(1) Gombert. — *Recherches expérimentales sur les microbes des conjonctives à l'état normal* (Thèse de Médecine, Montpellier, 1899).
(2) Berestnew. — *Loc. cit.*, p. 173.
(3) Berestnew. — *Loc. cit.*, p. 174.
(4) Terni. — *a) Eine neue Art von Actinomyces* (Centralblatt für Bact., Bd. XVI, p. 362) ;
b) Congrès de Médecine de Rome, 1894).
(5) Max Gruber. — *a) Eine neue pathogene Microbienart, Micromyces Hoffmanni* (Congrès d'hygiène de Londres, 1891) ;
b) Mycromyces Hoffmanni, eine neue pathogene Hyphomycetenart nach Untersuchungen von Dr G. von Hoffmann Wellenhoff und Dr von Genser (Arch. f. Hyg., Bd. XVI, 1892).
(6) Acosta et Grande-Rossi. — *Descripción de un nuevo Cladotrix* (Chronica med. quirurgica de la Habana, 1893, et Centralblatt f. Bact. und Parasit., Bd. XIV et XVII).
(7) Terni. — *Actinomyhosi della Lucertola* (L'Ufficiale sanitario, 1896, n° 4).
(8) Rogelio-Urizar. — *Dos nuevos Streptothrix* (Revista de la Sociedad medica Argentina, t. XII, 1901, p 570.
(9) Gasperini. — *Ulteriori ricerche sull genere Actinomyces-Harz*, Pisa, 1894, p. 18.

36. — **Streptothrix madurae** (1). VINCENT

Les colonies se colorent en rose ou en carmin ; il ne liquéfie pas la gélatine ; il est pathogène.

37. — **Streptothrix de Matrat**

Espèce non décrite.

38. — **Streptothrix mordoré** (2). THIRY

Les colonies sur gélose s'entourent d'une large auréole mordorée brillante ; les cultures sont jaunes, blanches, brunes ou violettes ; sur pomme de terre, couleur gris rosé.

39. — **Streptothrix odorifera** (3). RULLMANN

Cette espèce n'est probablement qu'une variété du Str. Chromogenes.

40. — **Streptothrix orangico-niger** (4). MAKSOUTOFF

Sur gélose, les colonies blanc laiteux du début deviennent orange intense ; sur pomme de terre, colonies jaunes qui noircissent jusqu'à former une croûte noir brillant.

41. — **Streptothrix polychromogène** (5). VALLÉE

Sur gélose, la culture est vieux rose, et sur pomme de terre, rouge vermillon. En bouillon, il donne un voile rose pâle.

42. — **Streptothrix pluricolor-diffundens** (6). BERESTNEW

Les colonies sur gélose deviennent jaune et vert brun ; sur pomme de terre, il produit différents pigments et le milieu devient bleu foncé. Il colore le lait en rose puis en vert brun.

43. — **Streptothrix Rivieri** (7)

Il est pathogène pour l'homme.

44. — **Streptothrix rubra** (8). RUIZ CAZARO

Sur gélose, les colonies sont rouge cinabre ; sur pomme de terre également.

45. — **Streptothrix de Rullmann et Perutz** (9)

Il est pathogène.

(1) VINCENT. — *Étude sur le parasite du pied de madura* (Ann. Inst. Pasteur, 1894).
(2) THIRY. — *Bacille polychrome et Actinomyces mordoré* (Thèse de Médecine, Nancy 1900).
(3) RULLMANN. — *Weitere Mittheilungen über Cladothrix odorifera* (Centralblatt f. Bact. Ab. II, 1896).
(4) MAKSOUTOFF. — *Sur l'Actinomycose et sa morphologie* (en russe) (Medicina, 1893, n° 11-12).
(5) VALLÉE. — *Nouveau Streptothrix chromogène* (Ann. Inst. Past., 1903, p. 288).
(6) BERESTNEW. — *L'Actinomycose* (Thèse de Moscou, 1897, p. 176).
(7) SABRAZÈS ET RIVIÈRE. — *Les parasites du genre Streptothrix dans la pathologie humaine* (Semaine médicale, 1895, n° 44).
(8) RUIZ CAZARO. — *Description de un Cladothrix chromogena* (Cronica medico-quirurgica de la Habana, 1894, n° 13 ; et Centralblatt f. Bact. und Parasit. Bd. XVIII, p. 166).
(9) RULLMANN ET PERUTZ. — *Ueber eine aus Sputum isolierte pathogene Streptothrix* (Munsch. Medic. Wochenschr., 1898).

16. — **Streptothrix de Sabrazès et Joly** (1)

Voici la description qu'en donnent les auteurs :

« Lorsqu'on pratique, pendant la saison estivale, des
« ensemencements de pulpe vaccinale fraîche, prélevée sur
« génisse, on isole, entre autres microbes secondaires, un
« Streptothrix dont la fréquence est telle que, sur 20 récol-
« tes, 5 fois le champignon s'est développé.....

« Les cultures initiales ont l'aspect d'ilots blancs,
« crayeux, plats, arrondis, avec bordure concentrique par-
« fois craquelée et avec petit bouton ou godet central. La
« face profonde est jaune brunâtre. L'examen microscopi-
« que montre un mycélium fin, très onduleux, enchevêtré,
« ramifié, non segmenté, supportant des filaments qui, par
« leur extrémité, émettent des spores rondes.....

« Ce champignon, strictement aérobie, se développe à
« 15-40° ; l'optimum est à 37° sur blanc d'œuf coagulé et
« sur gélose. Il pousse sur les milieux solides sous forme
« d'une membrane grenue, tourmentée, poudrée de blanc,
« exhalant une forte odeur de moisi....

« Dans le lait, il se nourrit aux dépens de la caséine et du
« beurre. Il liquéfie la gélatine, le sérum et le blanc d'œuf
« coagulé. Il couvre la pomme de terre d'une végétation
« d'aspect plâtreux. Les spores ne résistent pas à 75° pendant
« un quart d'heure. Son mode de fructification conidienne est
« celui des oospora. Le mycélium et les spores se colorent
« par le Gram.

« L'optimum de croissance est à 37°. La propriété très
« remarquable de peptoniser les matières albuminoïdes plaide
« en faveur de la possibilité d'une adaptation parasitaire de ce
« champignon. »

17. — **Streptothrix du sérum.** Binot

Espèce non décrite.

18. — **Streptothrix Spitzi** (2). Lignières et Spitz.

Il pousse très mal sur pomme de terre; il est anaérobie et
pathogène.

49. — **Streptothrix sulfureus** (3). Berestnew

Colonies jaune rougeâtre, jaune soufre ou rouge clair sur
les différents milieux.

50. — **Streptothrix thermophilus** (4. Kedzior

Il pousse en anaérobie et vit à 50-60°.

(1) Sabrazès et Joly. — *Sur un Streptothrix fréquemment isolé du vaccin de génisse* (Comptes rendus Société de Biologie, 1898. p. 134).
(2) Lignières et Spitz. — *Archives de Parasitologie*, t. VII, n° 3, p. 128, 1903.
(3) Berestnew. — *L'Actinomycose* (Thèse de Moscou, p. 111, 1897).
(4) Kedzior. — *Ueber eine termophile Cladothrix* (Arch. f. Hyg., XXVII, 1896.)

51. — **Streptothrix Tschirschke** A et B (1)

A. — Sur gélose, colonies jaunes ou orange, colorant le milieu; sur pomme de terre, pellicule jaune verdâtre ou brun foncé.

B. — Sur gélose, la face inférieure des cultures est orangé rouge; sur sérum, les cultures sont noires ou rouge brun.

52. — **Streptothrix violaceus** (2). Rossi Doria

Sur gélose un certain nombre de cultures sont violettes, le milieu devient brun ou roux. Sur pomme de terre, pellicule gris ardoise un peu violacée.

*
* *

En comparant les caractères du *Streptothrix Dassonvillei* à ceux qui ont été signalés comme propres à définir les autres espèces actuellement décrites, nous avons trouvé des différences qui semblent les distinguer nettement de ces dernières.

Mais ces différences permettent-elles d'établir réellement qu'il n'y a pas identité d'espèces entre ce Streptothrix et certains autres ?

Evidemment non.

Le pouvoir pathcgène et chromogène, le mode de végétation en l'absence ou en présence de l'air, la résistance à la chaleur, sont des caractères soumis aux plus grandes variations suivant les conditions de milieu, et ne peuvent être utilisés dans la distinction des espèces.

Deux Streptothrix qui, de prime abord, semblent complètement différents à l'examen de tels caractères, peuvent devenir très ressemblants lorsqu'on les met dans certaines conditions d'existence.

Par exemple, le *Streptothrix Actinomyces Actinomyces bovis* qui, à première vue, semble si éloigné du *Streptothrix Dassonvillei*, peut arriver à lui ressembler au point d'être confondu avec lui.

On peut modifier ses caractères et les fixer de telle façon, qu'il n'est plus possible de les distinguer l'un de l'autre.

En effet, sur presque tous les milieux, les cultures initiales de l'*Actinomyces bovis* sont colorées ordinairement en jaune.

Or, en semant sur des grains stériles un *Actinomyces bovis* puisé dans une culture *jaune*, mise à notre disposition par M. Binot, de l'Institut Pasteur, j'ai pu produire par sélection, à diverses reprises, une culture *blanche* dont l'aspect objectif n'a pas varié dans la suite et qui ne se distinguait en rien

(1) Kurt Tschirschke. — *Ueber Actinomycose* (Deutsche Zeitsch. f. Chirurg., p. 305, 1892).

(2) Doria Tullio Rossi. — *Su di alcune specie di Streptothrix trovate nell'aria studiate in riporto a quelle gionate e specialmente all'actinomyces* (Annali dell Instit. d Igien. speriment. della R. Univ. di Roma. 1892).

de celui des cultures du *Streptothrix Dassonvillei*. Fait curieux à signaler : sous cet aspect, les cultures blanches d'*Actinomyces* exhalaient une odeur très prononcée de moisi, qu'elles n'avaient pas dans la culture originelle.

Quant au pouvoir pathogène de l'*Actinomyces bovis*, il est bien établi ; mais les inoculations à l'aide des cultures n'ont que très exceptionnellement été suivies de production de lésions chez l'animal d'expérience. Les cultures blanches de ce champignon nettement pathogène, ne se distinguent donc en rien de celles du *Str. Dassonvillei*.

Enfin, en milieu anaérobie, l'*Actinomyces bovis* pousse tandis que le *Str. Dassonvillei* ne pousse pas. Mais Gasperini (1) n'a-t-il pas montré que les espèces isolées directement des animaux deviennent avec les cultures toujours plus avides d'oxygène et perdent la faculté de se développer en anaérobie en même temps qu'elles s'atténuent et deviennent inoffensives ?

En cet état, la culture de l'*Actinomyces bovis* ne diffère en rien de celle du *Str. Dassonvillei* : et on est en droit de se demander s'il ne s'agit pas d'un seul et même champignon redevenu saprophyte après avoir été virulent, ou demeuré saprophyte sans avoir jamais acquis de propriétés pathogènes.

Bien entendu, nous entendons dire simplement que l'*Actinomyces bovis* et le *Streptothrix Dassonvillei* ne peuvent pas toujours être distingués l'un de l'autre par les caractères qui leur ont été attribués jusqu'ici.

En l'absence d'un critérium expérimental, nous nous gardons d'émettre une hypothèse au sujet de l'identé des deux espèces, bien que les faits suivants (que nous ne ferons que citer) ne soient pas pour rendre ce rapprochement invraisemblable.

a) Chaque fois qu'on a pu retrouver la porte d'entrée de l'*Actinomyces bovis* dans l'organisme, on a constaté que le parasite avait été introduit par un végétal altéré, ayant pénétré dans les tissus. Ce sont des épillets de Graminées qu'on a retrouvés le plus souvent au centre des lésions d'Actinomycose : très fréquemment on a pu les rapporter, sans erreur possible à l'espèce *Hordeum murinum*.

L'introduction du parasite a lieu d'ailleurs le plus souvent dans les tissus des organes des premières voies digestives. On trouve à cet égard de nombreux faits d'observation assez curieux : ainsi dans un cas d'Actinomycose des amygdales du porc, on a trouvé, implantées dans ces organes, des *barbes de Graminées* revêtues d'Actinomycose ; on a vu aussi les parasites fixés entre les piliers du voile du palais à la surface de *balles d'Orge* (2).

---

(1) Gasperini. — *Ulteriori ricerche sul genera Actinomyces-Hars*. Pisa. 1894.
(2) Johne. — *Die Actinomycose oder Strahlenpilzkrankheit* (Zeitsch. f. Thiermed., t. VII. 1882. p. 141).

b) Dans diverses enzooties d'Actinomycose, il a paru évident qu'il y avait une relation de cause à effet entre l'avarie des fourrages distribués aux animaux malades et la manifestation de la maladie. Ainsi, dans la plaine basse située entre Elbing et Marienbourg, on a observé une enzootie d'Actinomycose chez des animaux qui avaient reçu des fourrages vasés et *moisis* (1) à la suite d'une submersion prolongée.

Johne a constaté de nombreux cas d'Actinomycose ayant envahi les mamelles de nombreuses vaches laitières d'une même exploitation et il lui a semblé que l'origine du mal était la conséquence du mauvais état des litières.

Cette notion du rapport entre l'état des litières et le développement de mammites actinomycosiques paraît ne pas avoir échappé à de nombreux praticiens qui accusent formellement les pailles *moisies* de causer ces mammites. On est en droit de se demander si le *Str. Dassonvillei* si abondant dans les litières, ne serait pas l'agent de cette maladie.

En résumé, le *Streptothrix Dassonvillei* apparaît au premier abord comme très différent des Streptothrix actuellement connus et pourrait être considéré, dans l'état actuel de nos connaissances, comme une espèce végétale distincte.

D'autre part, ce Streptothrix pourrait cependant n'être pas sans aucune parenté avec quelques autres Streptothrix déjà décrits et dont quelques-uns peuvent, au moins dans certaines conditions, produire une odeur de moisi. En particulier, malgré les caractères objectifs qui semblent l'éloigner du *Str. Actinomyces,* il se pourrait qu'il soit très voisin de ce dernier ou même qu'il en soit la forme saprophytique.

Si, par la suite, en raison de nouvelles études sur les Streptothrix, on arrivait à une conclusion du même ordre au sujet d'autres espèces de ce groupe, il y aurait lieu, alors, d'envisager que le Streptothrix que nous venons d'étudier en détail pourrait n'être qu'une forme de convergence saprophytique de certains Streptothrix se développant dans des conditions particulières.

Place des Streptothrix dans la classification

Il est intéressant, au point de vue botanique, de savoir dans quel groupe peuvent se classer les Streptothrix. Doit-on les ranger parmi les Algues ou parmi les Champignons ?

Il est bien évident que nous ne devons attacher à une discussion de cet ordre, qu'un intérêt purement relatif, étant donné que nous trouvons des formes de passage de plus en plus nombreuses, reliant des groupes qui pouvaient paraître très différents autrefois.

(1) PREUSSE. — *Zur Lehre von der Actinomykosis* (Deutsch. Thierarztl. Wochen., 1899, p. 165).

Si nous voulions même considérer les Bactéries et les
Champignons comme deux rameaux dérivés des Algues et
dégénérés, les uns quant à la nutrition, les autres quant à la
reproduction, la question perdrait complètement de son
intérêt puisque dans une zône médiane, intermédiaire aux
Bactéries et aux Champignons, nous trouverions de nombreuses formes reliant ces deux rameaux divergents. Nous
pourrions peut-être, alors, considérer les Streptothrix comme
des représentants de ces formes de passage puisqu'ils ont
certains caractères qui les rapprochent des Bactéries et certains autres qui peuvent les faire considérer comme des
Champignons.

Quoi qu'il en soit, en nous basant sur ce que nous savons
de précis à l'heure actuelle, il convient de faire cesser une
confusion en séparant nettement les Streptothrix des Cladothrix.

Cohn (1) avait rapporté son *Cladothrix dichotoma* aux
Algues bleues; mais, hésitant sur la place qu'il devait attri-
buer aux Streptothrix, il les rangea à la suite des Cladothrix
et en fit ainsi des Bactériacées.

Winter (2) considère les deux termes de Cladothrix et de
Streptothrix comme analogues.

Zopf (3) appelle le Streptothrix Fœrsteri *Cladothrix Fœrsteri*.

Max Wolff et J. Israël (4) rangent l'Actinomyces parmi les
Bactéries et non parmi les Mucédinées, car, pour eux, les
éléments en forme de coccus des cultures ne sont pas des
spores ni des produits de dégénérescence.

Macé (5) reprend récemment le nom de Cladothrix et
décrit tous les Streptothrix sous ce nom.

Or, les Cladothrix ont une gaine enveloppant des rameaux
qui présentent une fausse dichotomie : ils sont donc analogues
à certaines Algues.

Les Streptothrix ont une membrane d'enveloppe et une
vraie ramification : de plus, ils possèdent la faculté de faire
des spores par segmentation de filaments, propriété commune
chez les Champignons.

On est donc en droit de séparer nettement les Streptothrix
des Cladothrix, ceux-ci se rapprochant des Algues et ceux-là
des Champignons.

Ce point établi, dans quelle classe de Champignons con-
vient-il de ranger les Streptothrix ?

Wolff les range parmi les Schizomycètes ; Leunis (6)

(1) Cohn. — *Untersuchungen über Bacterien* (Beitrage zur Biologie der Pflanzen.
t. l. p. 311, 1874). *Voici sa diagnose :* « Filamenta leptotrichoidea, tenerrima, achroa,
non articulata, stricta vel subundulata, pseudodichotoma ».
(2) Winter. — *Die Pilze* (Rabenhorts Kryptogamen Flora, 1884).
(3) Zopf. — *Die Spaltpilze* (Breslau 1885).
(4) Max Wolff et Israël. — *Virchow's Archiv*, 126, p. 11.
(5) Macé. — *Caractères des cultures du Cladothrix dichotoma* (Comptes rendus
Ac. Sc., 1888).
(6) Leunis. — *Synopsis der Pflanzenkunde*, 1886.

parmi les Blastomycètes : de Toni et Trévisan (1) parmi les
Schizomycétacées ; Almsquist (2) parmi les Schizomycètes.

Gasperini (3) les classe dans les Hyphomycètes, faisant
remarquer « que les Schizomycètes sont typiquement uni-
« cellulaires, qu'ils manquent de filaments destinés à la mul-
« tiplication des spores et d'un véritable mycélium. On
« trouve parfois chez les Schizomycètes une structure mycé-
« liforme ou de fausses ramifications, mais jamais de vrais
« rameaux ou une condensation du protoplasme en un groupe
« de filaments terminaux ou sporigènes ».

Doria les range parmi les Hyphomycètes les plus élevés.
Sauvageau et Radais (4) les placent dans les Hyphomycètes,
au voisinage du genre Oospora.

Lignières (5) les rapproche des Myxomycètes.

Everhardt Hass (6) les classe dans les Hyphomycètes,
classe des Actinomycètes.

Nicolle (7) dit que les Streptothrix servent de trait d'union
entre les Hyphomycètes et les bacilles à forme d'involution
ramifiés :

« Le passage se fait si insensiblement qu'on ne saurait
« plus considérer aujourd'hui le bacille de la tuberculose
« autrement que comme un vrai Streptothrix. M. Metchnikoff
« lui a donné, pour ce motif, le nom caractéristique de
« *Sclerothrix Kochii*. »

Nous voyons donc que l'accord est loin d'être fait sur la
place qu'occupent les Streptothrix.

Il semble qu'ils doivent être laissés dans la classe des
Hyphomycètes, jusqu'au jour où la découverte de fructifications d'un ordre plus élevé permette de leur assigner leur
véritable place.

* *

J'ai employé, dans ce travail, le nom de Streptothrix pour
désigner le genre dont je m'occupais, mais ce nom de Streptothrix ne devrait pas être employé pour désigner ce champignon.

En effet, Corda (8), en 1839, avait créé le genre Streptothrix pour trois espèces de la famille des Dématiées. La

(1) SACCARDO. — *Sylloge fungorum*, t. VIII.
(2) ALMSQUIST. — *Zeitschrift f. Hygiene*, t. VIII, p. 189.
(3) GASPERINI. — *Ricerche morph. et biol. sul genere Actinomyces-Harz* (Annali dell Inst. d'Igiene sperim. della R. Univ. di Roma, 1892, II, p. 173).
(4) SAUVAGEAU et RADAIS. — *Sur le genre Cladothrix, Streptothrix* (Ann. Institut Pasteur, II, p. 243, 1992).
(5) LIGNIÈRES. — *Centralblatt f. Bacter.*, 1981, XXXV, p. 301.
(6) EVERHARDT HASS. — *Beitrag zur Kenntniss der Actinomyceten* (Thèse de Zurich, 1905).
(7) NICOLLE. — *Eléments de microbiologie*, p. 12, 1901.
(8) CORDA. — a) *Pracht. Flora europæeischer Schimmelbildungen*, Leipzig und Dresde, p. 27), 1839.
b) *Icones Fungorum Hucusque cognitoram auctore*, A. C. Corda, Prague, 1842.
Diagnose de Corda : « Streptothrix n. g. flocci erecti, septato articulati, virgato, « ramosi, ramis ramulisque alternis, articulatis, spiraliter tortuosis sporis simplicibus, « terminalibus apiculo suffultis, aut axillaribus sessilibus hylo adlixis : nucleo firmo, guttularum olarum pleno, episporio crasso. »

priorité appartient donc, sans contestation possible, au genre créé par Corda, et nous devrions abandonner complètement ce terme de Streptothrix.

Sauvageau et Radais ont proposé le nom d'Oospora pour remplacer le nom de Streptothrix. Mais ce terme d'Oospora désignant une forme (Oospora, Fusidium, Monilia), ne saurait être pris pour caractériser une espèce. De plus, ce genre oospora décrit par Wallroth (1) contient déjà des types dissemblables, des genres Oïdium et Torula.

De Toni et Trévisan, qui connaissaient l'existence du genre Streptothrix de Corda, ont changé le nom de Streptothrix en celui de Nocardia. Cette solution présentait l'avantage de dissiper la confusion et d'honorer la mémoire d'un grand savant. Malheureusement, l'usage a prévalu et les Streptothrix de Corda, les seuls légitimes, disparaissent sous le nombre croissant des Streptothrix illégitimes qui ont usurpé leur nom de genre.

J'ai donc conservé, suivant l'usage, le nom de Streptothrix, mais j'aurais de beaucoup préféré désigner ce champignon sous le nom de *Nocardia Dassonvillei*.

Cycle du Streptothrix dans la nature

Il nous est possible, maintenant que nous avons fait l'étude du *Streptothrix Dassonvillei* et que nous connaissons sa grande dissémination dans la nature, de nous former une idée générale sur son cycle évolutif et sur ses conditions naturelles de développement.

Suivons le pas à pas pendant une année, en le prenant au moment où il existe dans les granges sur des pailles moisies, et où il se trouve sous sa forme sporulée.

Ces pailles vont être utilisées : présentées aux animaux qui refuseront de les consommer, elles passeront de suite dans la litière. Sous l'influence des déjections, cette litière acquerra un degré d'humidité suffisant pour permettre la germination des spores. Le Streptothrix va donc se développer d'autant plus abondamment que l'humidité sera plus grande et qu'il va trouver à sa disposition des sels et des substances albuminoïdes qui font de cette litière un excellent milieu de culture.

Les litières mises au fumier, le développement du champignon variera dans d'assez grandes proportions suivant les conditions extérieures et les soins donnés au fumier. Si celui-ci n'est ni arrosé, ni retourné, il se dessèche à sa surface et les spores du Streptothrix forment sur les débris végétaux ces traînées blanches qu'on aperçoit si communément. Dans une zône un peu plus profonde, où les con-

---

(1) WALLROTH. — *Flora cryptogamica Germaniae*, t. II, p. 182.

ditions de chaleur et d'humidité lui sont favorables, le champignon poussera abondamment, parfois même comme en cultures pures.

A l'automne, avant les labours, les fumiers sont répandus à la volée sur les terres ; la dissémination du Streptothrix s'opère sur de vastes surfaces ; c'est un véritable ensemencement général avec le champignon. Les pluies, en général fréquentes à cette saison, assurent de suite la germination des spores et son développement rapide.

Pendant l'hiver, il restera sous sa forme de résistance, n'ayant rien à redouter, ainsi que nous l'avons vu, des froids moyens de notre climat.

Au printemps, sa croissance et son développement très abondant se trouveront assurés par l'influence de la température, des pluies, et des nitrates répandus comme engrais à cette époque de l'année.

Pendant toute la période de croissance des Graminées, les spores et des fragments mycéliens seront entraînés sur les tiges, les feuilles ou les fruits, par le vent, les oiseaux, les insectes et toutes les causes naturelles de contamination.

Au moment de la moisson, les gerbes sont couchées sur le sol pendant un temps parfois très long et j'ai montré que la durée du séjour des gerbes sur la terre est un facteur très important de l'infection des grains et des pailles. S'il pleut, pendant cette période où les gerbes sont en javelle, les pailles et les grains acquerront un degré d'humidité très favorable au développement du parasite.

Les opérations du transport des gerbes et du battage des grains assureront une contamination parfaite si quelque grain y avait échappé.

Nous voici donc arrivés au moment où les grains et les pailles vont être rentrés dans les greniers, portant tous ou presque tous des germes de leur avarie. Si ces grains ou ces pailles ont été mouillés pendant la récolte ou s'ils sont emmagasinés dans des endroits humides ou des greniers mal clos, ou s'ils sont mis en meules, ils ne tarderont pas à moisir s'ils ne sont pas l'objet de soins constants, destinés à leur enlever leur excès d'humidité.

Nous avons donc parcouru très rapidement pendant une année entière, le cycle complet du développement du Streptothrix, depuis sa sortie du grenier, jusqu'à sa rentrée dans le même grenier l'année suivante.

Nous voyons que le rôle de l'humidité est considérable ainsi que le démontrent les conditions de développement en cultures pures.

Tout cultivateur sait, par son expérience personnelle et par celle de ses ancêtres, que ses grains, ses pailles ou ses fourrages se conserveront mal s'ils sont rentrés humides et ne tarderont pas à exhaler une odeur de moisi ; il sait également que ses chevaux et ses bestiaux dédaigneront l'Avoine altérée et les fourrages mal conservés; aussi, fait-il tous ses efforts pour profiter des journées sèches pour rentrer en ses granges ses récoltes parfaitement saines.

Cette importance de l'action de l'humidité est admise par tous comme un fait d'expérience indiscutable.

A toute cette expérience des siècles passés, il manquait la connaissance de la cause déterminante.

Maintenant que nous connaissons cette cause : *l'existence du Streptothrix*, les effets de sa présence et les conditions qui favorisent son développement se trouvent éclairés, expliquant rationnellement ce que l'expérience indiquait d'une façon empirique.

Nous pouvons donc espérer que des moyens appropriés permettront d'affaiblir ou de détruire le parasite et d'arrêter ainsi son action nuisible sur les grains. Je vais montrer dans le chapitre suivant que les données acquises au cours de cette étude permettent de lutter contre le Streptothrix avec chances de succès.

*
* *

Comme résumé de ce chapitre concernant l'étude du *Streptothrix Dassonvillei*, j'établirai la diagnose suivante de ce champignon :

Streptothrix Dassonvillei (1) n. sp. Br. R.

Touffes de filaments ramifiés, droits ou ondulés, largeur 0.5 — 1 μ, pouvant donner des formes de dissémination longues ou bacillaires : — spore ovale une fois et demie plus longue que large, à développement centripète à l'extrémité de certains filaments; aérobie strict; prend le Gram; optimum de développement à 37° sur les substances albuminoïdes, avec production d'Ammoniaque; cultures se recouvrant d'efflorescences d'aspect plâtreux, de couleur invariablement blanche; odeur très forte de moisi sur tous les milieux; se développe bien en milieux neutres et basiques; ne supporte qu'une acidité très faible du milieu; pousse abondamment dans les solutions contenant des nitrates; tué par une température de 70° prolongée dix minutes; sécrète une présure, une caséase, une trypsine et parfois de la tyrosinase; ne produit pas d'indol; liquéfie la gélatine et le sérum; sans action sur l'amidon, l'inuline, la cellulose; ne fait pas fermenter les sucres; n'a pas d'action dénitrifiante; non pathogène pour les animaux.

---

(1) Dédié à M. Ch. Dassonville, Vétérinaire en premier, Directeur-adjoint du Laboratoire d'études des conserves destinées à l'armée.

CHAPITRE V

CONSERVATION DES GRAINS SAINS
ET TRAITEMENT DES GRAINS MOISIS

Je vais essayer de préciser les conditions les plus favorables à assurer la bonne conservation des grains, et de déterminer les pratiques en usage qu'il serait utile de rejeter.

Je montrerai ensuite qu'il est possible de rendre propres à la consommation les grains moisis, en leur faisant subir un traitement spécial à l'aide d'un appareil que j'ai inventé en collaboration avec MM. Dassonville et Lequeux.

I. — Conservation des grains

Pour assurer cette conservation, il faut réaliser les deux conditions suivantes :

1° Limiter, autant que possible, la contamination naturelle par le Streptothrix ;

2° Mettre le grain dans les conditions les plus défavorables au développement du champignon :

1° LIMITER LA CONTAMINATION NATURELLE PAR LE STREPTOTHRIX. — J'ai montré, au cours de cette étude, que si un certain nombre de grains étaient déjà contaminés avant la récolte, la part dans la contamination du séjour des gerbes sur le sol était cependant considérable. Nous ne sommes pas maîtres de la contamination des Graminées sur pied, car elle est le fait de causes naturelles indépendantes de notre volonté ; au contraire, la durée du séjour des gerbes sur le sol peut être réduite à son minimum.

Il serait avantageux pour tous les agriculteurs que cette notion fût répandue, surtout dans les pays qui, comme la Bretagne, font de cette pratique un abus préjudiciable à la bonne conservation de leurs avoines.

Les gerbes devraient être mises à l'abri sitôt la moisson terminée; l'usage des meules dont la couverture est toujours insuffisante expose les épis aux brouillards et aux pluies d'automne et d'hiver, favorisant ainsi le développement du champignon. Les grains devraient être battus sitôt après la récolte ou parfaitement abrités jusqu'au battage.

L'usage des pailles et des fourrages moisis devrait être absolument proscrit. La coutume habituelle est de mettre dans les litières toutes les substances végétales avariées que les animaux ne veulent pas consommer. J'ai montré que le passage dans les litières de ces fourrages moisis était la grande cause d'infection du sol; il serait donc préférable de brûler ces fourrages avariés pour assurer la destruction du champignon. Je ne parle que pour mémoire du rôle pathogène possible et des infections mammaires rapportées par nombre de praticiens à l'usage des litières moisies.

Je dois faire remarquer, de plus, que le transport de ces matières couvertes de spores au travers des cours de la ferme, et l'habitude qu'on a de les secouer en faisant la litière, ont pour effet de disséminer de tous côtés les spores du Streptothrix.

Je dois signaler enfin une pratique qu'il serait bon de combattre : je veux parler du mélange des grains moisis aux grains sains. Cette pratique a pour but de permettre l'écoulement par petites quantités des grains moisis dans des lôts de grains sains ce qui amène la contamination de ces derniers.

2° METTRE LES GRAINS DANS DES CONDITIONS DÉFAVORABLES AU DÉVELOPPEMENT DU STREPTOTHRIX. — Le bon état du grenier et des granges doit être la principale préoccupation du fermier qui veut conserver ses récoltes. Il n'en est malheureusement pas ainsi, et le mauvais état des toitures est une cause importante de moisissement des grains et des fourrages.

Nous avons vu que la lumière retarde la croissance du champignon, et que l'obscurité, au contraire, favorise son développement. Or, les greniers et les granges sont généralement sombres et souvent humides ; les grains sont ainsi dans d'excellentes conditions pour s'altérer.

Toutes ces notions qui, mises en pratique, auraient pour effet d'agir dans le sens d'une meilleure conservation des grains, pourraient cependant se trouver insuffisantes si les grains sont rentrés humides dans les greniers ou même s'ils ont commencé à moisir.

Pour assurer la conservation des récoltes dans ces conditions, nous nous appuierons sur les données acquises concernant les températures critiques du champignon. Comme nous savons, de plus, que l'humidité favorise le développement du Streptothrix et que la sécheresse, au contraire, le retarde, nous pouvons traduire le problème à résoudre sous la forme des deux propositions suivantes :

1° Il faut tuer le parasite ou l'affaiblir par la chaleur ;

2° Il faut enlever une certaine quantité d'eau des grains.

L'appareil de traitement des grains moisis, que je vais décrire plus loin, satisfait entièrement aux conditions posées: il tue le parasite et il ramène le grain à une teneur en eau incompatible avec le développement du champignon.

Nous pouvons donc dire que, le problème de la conservation des grains se trouve résolu théoriquement et pratiquement puisque, quel que soit l'état du grain, quelle que soit sa teneur en eau, il se trouvera, au sortir de l'appareil, débarrassé de ses parasites végétaux et de l'excès d'humidité qu'il contenait. Si le grain est alors rentré dans des greniers sains, la durée de sa conservation peut être illimitée.

Je ferai remarquer de suite que, non seulement les parasites végétaux sont détruits, mais que les parasites animaux le sont également et que l'idée de conservation parfaite des grains prend ainsi toute sa valeur, puisque leur manutention dans l'appareil satisfait aux conditions les plus diverses du problème posé.

II. — **Traitement des grains moisis** [1]

Les grains moisis sont inconsommables du fait de la mauvaise odeur qu'ils exhalent. Or, cette odeur est volatile ; nous pouvons donc, *a priori*, penser qu'un traitement approprié pourra débarrasser les grains de cette odeur, et qu'ils redeviendront ainsi propres à la consommation.

Dans les conditions les plus générales, le champignon se développant à la surface des grains respecte la plupart des matériaux alimentaires, et en particulier l'amidon.

Si donc on pouvait tuer le parasite et débarrasser en même temps les grains de leur odeur de moisi, on rendrait consommables des denrées qui n'ont pas perdu sensiblement de leur valeur nutritive, en même temps qu'on assurerait leur conservation ultérieure.

Nous savons que les corps volatils auxquels est due l'odeur de moisi sont entraînés par un courant d'air chaud et que, de plus, le parasite est tué à des températures assez basses. Par conséquent, si, à l'aide d'un dispositif spécial, nous brassons un lot de grains moisis à travers un courant d'air chaud et prolongé, nous pourrons chasser les produits odorants, détruire les organes végétatifs du parasite, et éliminer en même temps l'excès d'eau qui nuit à la conservation des grains. Ils seront ainsi rendus consommables et leur conservation ultérieure sera assurée.

Le problème est résolu dans les conditions de la pratique industrielle par *l'appareil Dassonville, Brocq Rousseu et Lequeux*, dont je vais décrire les deux systèmes différents, basés sur le même principe :

1° APPAREIL DISCONTINU (Planche VI). — En principe, l'appareil se compose d'un cylindre (A) pouvant tourner autour de son axe ; il est divisé par des cloisons en tôle perforée, qui s'étendent sur toute sa longueur. C'est dans ce cylindre que l'on introduit par une des ouvertures (F'), dont

(1) DASSONVILLE et BROCQ-ROUSSEU. — *Un procédé de traitement des grains avariés* (Revue générale de Botanique, t. XVIII, p. 164, 1906).

il est muni, le grain à traiter ; en tournant, le cylindre brasse continuellement les grains qu'il renferme.

Un ventilateur (V) envoie à travers un calorifère (B) de l'air qui s'échauffe et pénètre ensuite dans l'appareil à une vitesse de 11 mètres à la seconde et à une température comprise entre 180° et 200°.

L'air chaud rencontre les grains qui, en raison du brassage dont ils sont l'objet, présentent la plus grande surface possible à son action, tout en ne permettant qu'un échauffement, très lent, de leur masse.

Le Streptothrix est détruit ; les produits volatils et la vapeur d'eau en excès sont entraînés à l'extérieur en I.

Lorsque l'opération est terminée, la température de la masse des grains n'a pas encore atteint 50 à 55° ; d'ailleurs, un registre à quatre voies permet d'interrompre le courant d'air chaud et de lui substituer, suivant les besoins, un courant d'air froid, afin d'éviter, si cela devenait indispensable, que la température s'élève trop dans l'appareil et puisse altérer la contexture des grains.

A la suite du traitement, les grains sont débarrassés, non seulement de leur odeur de moisi et de leur excès d'humidité, mais encore de tous les microorganismes ou moisissures contenus dans le lot, et qui sont éliminés sous forme de poussières.

Par le frottement des grains les uns contre les autres, ceux-ci se trouvent nettoyés et prennent un aspect brillant.

Le prix de revient du traitement est minime : pour un appareil permettant de traiter 50 quintaux de grains par journée de dix heures, les dépenses sont les suivantes :

Chauffage du calorifère......	2 fr. 50
Main-d'œuvre (un homme)...	5 fr.
	7 fr. 50

Le prix de revient du traitement du quintal de grains oscille donc entre 0 fr. 15 et 0 fr. 20. Le quintal de Blé valant en moyenne 22 à 25 francs, on voit qu'un traitement à si bas prix serait à coup sûr très rémunérateur pour qui voudrait l'entreprendre.

L'appareil que je viens de décrire répond aux exigences de la pratique industrielle ; on peut aussi construire des appareils de dimensions réduites, tournant à la main et utilisant n'importe quel combustible en usage dans le pays où l'appareil serait employé.

2° APPAREIL CONTINU. — Le principe de ce second appareil est le même que celui que nous avons appliqué dans l'appareil discontinu.

La planche VII représente l'appareil dont on a supprimé la plus grande partie du cylindre pour réduire les dimensions du dessin.

Le grain est introduit dans une trémie placée à gauche de l'appareil, soit en déversant directement les sacs, soit en le prenant dans une caisse au moyen d'une chaîne à godets mise en mouvement par la transmission générale.

Un tube cylindrique fixe est relié à la trémie et reçoit le grain qui se trouve poussé par une vis mise en mouvement à la main ou par la transmission. Ce tube placé au centre du cylindre laisse tout autour de lui passage à l'air et aux résidus du traitement ; il monte et descend en même temps que le cylindre.

Celui-ci roule sur deux galets supportés par un bâti métallique qu'on peut faire monter ou descendre à volonté.

Le grain, tombant dans le cylindre en pente, se trouve entraîné par la déclivité et par des ailettes placées à l'intérieur suivant des génératrices. Chaque élément de 1 mètre de long porte trois ailettes qui sont décalées sur celles de l'élément précédent, de telle sorte que le cylindre, faisant un tour sur lui-même, il y a toujours un déversement qui se produit et le courant d'air chaud se trouve continuellement en contact avec les grains.

Le cylindre, d'une longueur d'au moins 6 mètres, fait trente-cinq tours par minute.

Le grain chemine tout le long de l'appareil pour se déverser à l'extrémité inférieure dans un sac, où il pénètre à travers une manche en toile formant une sorte de joint pour empêcher les entraînements d'air froid qui pourraient se produire par suite de l'injection vigoureuse de l'air chaud dans le cylindre.

L'air chaud est envoyé comme dans le premier appareil par un ventilateur.

Les poussières et tous les débris organiques, entraînés par la circulation d'air, remontent la pente du cylindre et sont recueillis à la partie supérieure sous la trémie.

Ce nouvel appareil a été construit de façon à pouvoir modifier toutes ses fonctions, pour le rendre apte aux traitements des grains avariés les plus divers.

Voici comment on peut obtenir mécaniquement, sur un même appareil, une disposition répondant à une matière déterminée, ayant une altération déterminée :

1° En donnant un mouvement de rotation plus ou moins rapide à la vis qui se trouve à l'extrémité haute du cylindre, sous la trémie, on augmente ou on diminue l'épaisseur du grain en traitement dans le cylindre ;

2° En inclinant plus ou moins le cylindre, pour une vitesse de rotation déterminée, on diminuera ou on augmentera la durée de présence d'un grain dans l'appareil ;

3° On peut faire varier le temps total du traitement en modifiant le nombre de tours et l'inclinaison ;

4° En faisant varier l'intensité de la ventilation, on peut

ne conserver à l'extrémité inférieure que les grains sains les plus lourds.

* *
*

En résumé, l'emploi de ces deux appareils permet donc :

1° De stériliser pratiquement le mieux possible, la surface des grains :

2° D'enlever une certaine proportion d'eau en excès dans les grains avariés ;

3° D'expulser les parasites hors de l'appareil après leur destruction ;

4° De supprimer l'odeur de moisi des grains.

Ils satisfont donc à toutes les conditions que nous recherchions pour assurer la bonne conservation des grains et les soigner lorsqu'ils sont avariés.

DEUXIÈME PARTIE

NOUVEAU PROCÉDÉ

DE

DESTRUCTION DU CHARANÇON

NOUVEAU PROCÉDÉ DE DESTRUCTION
DU CHARANÇON

Dans cette seconde partie, je vais montrer que l'appareil de traitement des grains moisis peut être employé avec succès pour détruire le Charançon à tous ses états de développement (œufs, larves et insecte parfait).

Les conditions d'humidité et de chaleur qui sont indispensables au développement des cryptogames parasites des grains, sont aussi très favorables à la pullulation du Charançon.

Cet insecte s'attaque à tous les grains, et les dégâts qu'il cause, tant à l'état d'insecte parfait qu'à l'état de larve, sont considérables. Son aptitude à se reproduire est prodigieuse. Que l'on constate la présence d'un Charançon dans un lot de Blé, et l'on pourra être assuré qu'au bout de quelques mois, il ne restera pour ainsi dire plus un seul grain intact dans ce lot : *tout sera mangé*.

Sa présence est donc un véritable fléau.

Si l'on pouvait empêcher le développement de cet insecte ou en assurer la destruction par des procédés appropriés, on rendrait un grand service à l'agriculture et au commerce des grains ; les grands approvisionnements pourraient être mis à l'abri des ravages de l'insecte.

Dans les pays chauds, dans nos postes coloniaux, où le Charançon détruit toutes les réserves de grains, on se trouve désarmé contre lui. Les populations indigènes de certains de ces pays, certaines d'avance que leurs récoltes seront la proie du Charançon, limitent leurs efforts à la production de ce qui est indispensable au maintien de leur existence.

Il y a donc un puissant intérêt à porter notre attention sur cette grande cause de destruction des grains.

De tout temps, on a préconisé des moyens nombreux et variés pour répondre à ce but ; beaucoup d'entre eux sont sans grande valeur, certains sont inapplicables pratiquement ou sont très critiquables par leur méthode même d'emploi.

Il n'est donc pas inutile de faire connaître un nouveau mode pratique de destruction de cet insecte ; les moyens ne seront jamais trop nombreux pour lutter contre ce fléau de l'agriculture.

J'étudierai successivement :

1° Le Charançon et ses conditions de développement ;

2° Les procédés connus à l'heure actuelle pour sa destruction ;

3° Les expériences que j'ai entreprises dans ce but et l'application de l'appareil.

I. — DU CHARANÇON

Généralités. – Le Charançon du Blé (*Silophilus grana-rius, Calandra granaria*) est un Coléoptère de la famille des Curculioniens, groupe des Calandrites, insectes dont les antennes n'ont pas plus de six articles avant la massue. On leur donne le nom de Ryncéphores, en raison de la conformation de leur tête.

D'après Varon, le nom latin du Charançon (Curculio) s'écrivait primitivement *Gurgulio* et signifiait grand gosier ou grand mangeur. L'insecte n'est certainement pas indigène quoiqu'il existât déjà dans le nord des Gaules à l'époque de la domination romaine (L. Demaison). Il est très probablement originaire, comme le Blé, des contrées orientales. On le trouve quelquefois sur les Blés à l'époque de la floraison (Em. Mocquerys).

Caractères. — L'insecte parfait mesure de 4 à 5 millimètres de long et est d'un brun presque noir ; le corselet, grand et ponctué, a la même étendue que les élytres et forme à peu près la moitié du corps. Les élytres ne sont pas plus larges que le corselet ; elles sont arrondies à leur extrémité et présentent des rainures longitudinales ponctuées dans toute leur étendue.

L'extrémité de l'abdomen est à découvert ; les antennes sont coudées, armées d'une massue plus ou moins comprimée.

Reproduction. — La femelle choisit, pour pondre, un grain de Blé situé dans le tas à une petite profondeur ; elle l'entame avec ses mandibules, y dépose un œuf et à l'aide d'une matière adhésive spéciale, de même couleur que le Blé, elle recolle la pellicule qu'elle a soulevée.

D'ordinaire, la femelle fait son trou dans le sillon du Blé, à l'endroit où le grain est le plus tendre ; pour mieux cacher encore son œuf, elle perce le grain obliquement.

C'est aux premières chaleurs du printemps que se fait la fécondation, vers la fin d'avril ou au commencement de mai. La femelle perce un nombre de grains égal au nombre d'œufs qu'elle doit pondre.

La durée des métamorphoses est subordonnée à l'état de la température ; la chaleur accélère le développement ; le froid le retarde. La durée moyenne de l'évolution complète peut être fixée de quarante à quarante-cinq jours.

L'œuf déposé dans le grain éclôt et donne naissance à une larve molle, blanche, apode ; le corps est formé de neuf anneaux ; la tête est munie de deux fortes mandibules.

La larve se nourrit de l'albumen du Blé, et c'est à cet état que le Charançon cause les plus grands ravages. Le grain ne change pas d'aspect extérieur; il est impossible de le distinguer d'un grain sain, si ce n'est qu'il est beaucoup plus léger qu'un grain non attaqué ; en jetant dans l'eau une poignée de Blé, tous les grains attaqués montent à la surface.

Lorsqu'elle est longue d'environ 3.^m/_m, la larve se change en nymphe, sommeille en cet état pendant huit ou dix jours et se transforme en insecte parfait capable de reproduire une seconde génération.

Les Charançons mâles vivent encore quelques jours après la fécondation ; les femelles ayant à assurer la ponte vivent plus longtemps. Lorsqu'elles n'ont pas de grains pour pondre elles choisissent une retraite pour s'engourdir.

La puissance de reproduction de ces insectes est considérable : les pontes se succèdent pendant toute la belle saison jusqu'à ce que le froid ôte à l'insecte l'activité nécessaire à la reproduction. Pendant l'hiver, il se cache dans les trous des murs, les fentes des planchers où il est très difficile de le détruire, et, dès les premières chaleurs, il sort, s'accouple, reproduit et meurt.

On n'est pas d'accord sur le nombre d'individus que peut donner une femelle dans une année. Quel que soit le chiffre, il est certainement considérable. Un seul couple, dit M. Audouin, peut produire par an 6.000 individus. Bory de Saint-Vincent dit qu'une femelle peut, dans le cours d'une année, produire 23.600 individus.

On affirme qu'il suffit d'une seule paire d'insectes dans un hectolitre de Blé pour produire plus de 75.000 individus ; chacun d'eux mangeant 3 grains par an, la perte causée serait ainsi de 9 kilogs, soit 12 °/₀.

Au cours des expériences que j'ai entreprises pour la destruction du Charançon, j'ai compté après traitement de trois litres de Blé 13.172 Charançons adultes. C'était au mois d'août et la ponte n'était pas encore terminée: on peut donc avoir une idée, par ce chiffre, du nombre formidable d'individus qui tous, à la fin d'une année, rongent le Blé, à l'état de larves ou d'insectes parfaits.

Les dégâts pour les autres grains sont de même ordre : le Charançon s'attaque à tous les grains, mais il préfère le Blé et le Maïs.

Il communique aux grains une odeur désagréable bien connue.

II. — MOYENS ACTUELLEMENT CONNUS
DE LA DESTRUCTION DU CHARANÇON

Des moyens de toute nature ont été préconisés pour lutter contre les ravages occasionnés par le Charançon.

Je passerai en revue d'une façon sommaire tous ces moyens, afin de montrer ce qui a été tenté dans cet ordre d'idées. Ils peuvent se ranger sous les chefs suivants :

1° Emploi d'odeurs fortes naturelles ;
2° Usage de vapeurs chimiques ;
3° Moyens mécaniques (aération, ventilage....) ;
4° Chauffage des grains :
5° Destruction dans les silos.
6° Destruction par les oiseaux ;
7° Destruction par les insectes.

1° **Emploi des odeurs.** — Les moyens les plus variés et aussi les plus bizarres ont été employés de tous temps pour chasser ou détruire les Charançons à l'aide d'odeurs de plantes ou d'odeurs animales.

Parmi les plantes, on a recommandé de mettre dans les greniers des bottes des plantes suivantes :

Chanvre mâle, Fleurs de houblon, Sureau, Pariétaire, Tanaisie, Lavande, Sarriette, Rue, Absinthe, Pyrèthre, Camomille, Menthe, toutes plantes dégageant des odeurs fortes.

On a recommandé d'arroser les tas de Blé avec des décoctions de Lierre, de Buis, de Tabac, de Pied d'alouette.

On trouve aussi les indications suivantes : hacher un oignon pour un hectolitre de grain et le répandre dans la masse ; frotter les planchers des greniers avec une gousse d'ail, etc....

Suivant M. Pesenbroeck, l'odeur du foin chasserait les Charançons des greniers et des granges ; cette notion paraît avoir cours encore à l'heure actuelle dans nos campagnes.

M. Ricard (1) paraît avoir obtenu des résultats plus décisifs par l'emploi de l'eau distillée de foin.

Voici encore, à titre de curiosité, une autre recette (2) : « On « remplit un grand chaudron de feuilles de Persicaire ; on met « sur les feuilles 750 grammes de sel marin, 2 à 3 gousses « d'ail et un bon seau d'eau. On fait bouillir et on arrose avec « cette décoction le plancher du grenier, les murs et les tas « de Blé. Le Charançon quitte précipitamment les tas de Blé et

(1) *Journal d'Agriculture pratique*, t. 1, p. 296, 1855.
(2) *Bulletin d'Insectologie agricole*, 1886.

« lorsqu'il passe sur les endroits arrosés, il périt en devenant
« rouge comme une écrevisse cuite (?). »

On a cherché aussi à utiliser les odeurs animales.

Par exemple, on a recommandé de suspendre dans les
greniers des toisons en suint pour attirer les Calandres ; on a
préconisé l'arrosage des murs avec de l'eau dans laquelle on
a délayé de la fiente de cochon.

Citons encore le fait suivant (1) :

« Le domestique de M. de la Brosse, premier président du
« Parlement de Dijon, sauva les récoltes de son maître en
« jetant sur son Blé des écrevisses vivantes. Les Charançons
« se mirent à fuir en masse sur les murs où il fut facile de les
« détruire. »

De là est née la coutume d'abandonner des écrevisses sur
les tas de Blé jusqu'à putréfaction complète.

2° **Emploi des produits chimiques**. — Les moyens
préconisés sont extrêmement nombreux : on recommande
de badigeonner les murs et les planchers avec du pétrole,
de l'eau de chaux, du coaltar, du goudron mélangé de
résine etc., etc.

On emploie fréquemment les vapeurs de camphre, d'acide
sulfureux, d'essence de térébenthine.

Duhamel ayant enfermé du Blé dans une caisse vernissée
avec de l'essence de térébenthine, a constaté que les Charançons avaient très bien vécu. Cette expérience simple, mais
très précise, suffit à indiquer le peu de valeur qu'il convient
d'accorder à ces divers procédés.

L'emploi, très recommandé, du sulfure de carbone
(15 grammes par hectolitre) donnerait vraisemblablement de
bons résultats, mais il présente trop de dangers pour être
facilement applicable.

3° **Emploi des moyens mécaniques**. — Ces moyens
sont fondés sur la connaissance de ce fait que le Charançon
aime la tranquillité et qu'il fuit lorsqu'on agite le tas de Blé
où il se trouve. De là est née la pratique du pelletage comme
moyen simple de se débarrasser des Charançons.

De nombreux appareils, la plupart très compliqués, ont
été inventés dans le but de secouer, d'agiter, de ventiler les
grains ou même de détruire les insectes et les œufs par le
choc.

Ces appareils sont les suivants :
1° Grenier Vallery ;
2° Grenier Huart ;
3° Grenier Salaville ;
4° Grenier aérateur Devaux ;

(1) *La Nature comparée*, 1778.

5° Tue-teignes Doyère ;

6° Tarare brise-insectes Herpin, de Metz.

GRENIER VALLERY. — C'est un cylindre de bois, long de 5 mètres, disposé horizontalement et percé à la surface de petites fenêtres grillagées; on l'emplit de grains. Une cheminée centrale dirigée suivant l'axe du cylindre, permet à l'air qui a traversé les fenêtres et la couche des grains, de s'échapper au dehors. Le cylindre comporte des cloisons intérieures qui assurent la bonne répartition du grain ; il est monté de telle façon qu'il peut tourner autour de son axe, de sorte que le grain est constamment en mouvement.

GRENIER HUART. — Grenier vertical avec chapelets à godets pour le remontage des grains. Ce grenier est divisé en compartiments ou silos accolés sur une seule ligne et vidant le grain par des trémies dont chacune a son orifice commandé par une trappe spéciale. Vers le fond du silo, le grain cesse de tomber verticalement ; il rencontre une série de diaphragmes qui occupent la longueur du silo et superposés l'un à l'autre, inclinés à 45 pour 100. La masse du grain se trouve ainsi partagée en tranches et glisse suivant des diagonales. Les intervalles sont calculés de façon à laisser écouler le grain uniformément.

A la sortie du silo vertical, le grain est conduit dans un auget où il est pris par une vis d'Archimède à chaque pas de spirale de laquelle est une petite palette qui retourne le grain. Il est ainsi dirigé dans un petit réservoir où il est reçu par les godets du chapelet, et remonte au sommet du grenier, au-dessus de l'orifice des silos. Là, il est saisi par un crible ventilateur qui l'agite de nouveau et le laisse retomber en pluie sur la masse descendante.

GRENIER SALAVILLE. — On perce des trous dans le plancher d'un grenier, le long des parois de la salle. On adapte à ces trous de larges tuyaux en tôle qui traversent le grenier en long et en large, une rangée se trouvant au-dessus de l'autre. Un orifice de ce tuyau communique avec une chambre à air située au-dessous du grenier ; l'autre orifice est bouché. Les tubes sont percés de trous assez fins pour que les menues graines puissent s'y engager. Une série de ventilateurs introduisent de l'air ; le courant d'air vif remue et agite le grain ; c'est un pelletage continu. On peut faire aussi passer de l'acide sulfureux ou de l'hydrogène sulfuré dans les tuyaux.

GRENIER AÉRATEUR DEVAUX. — Grandes cages carrées, munies au centre d'un tube en tôle perforée. A la base du grenier, et aboutissant au tube central, sont placés deux tuyaux dont l'un correspond avec l'air extérieur et l'autre avec un ventilateur. Le premier de ces tuyaux sert à l'aération naturelle, le second à la ventilation.

Tue-teignes Doyère. — Il consiste en deux cylindres concentriques : l'un extérieur fixe ou tambour, l'autre tournant autour de son axe. Les deux bases du premier sont exactement fermées pour intercepter tout accès de l'air et laissent seulement passer à leur centre l'axe du second. Il existe entre les deux cylindres un espace annulaire. Le cylindre mobile est armé de lames parallèles à son axe, lesquelles, appelées percutantes, lancent le grain avec force pendant le mouvement circulaire du cylindre. Le grain ainsi lancé est reçu par des arêtes que porte le tambour à sa face interne, et renvoyé par elles aux lames du cylindre mobile. Le grain après avoir été soumis à des chocs répétés est précipité horizontalement à 8 ou 10 mètres.

Tarare brise-insectes de Herpin, de Metz. — Il se compose d'un moulinet renfermé dans un tambour, de manière que les arêtes du moulinet se maintiennent toujours à la distance de 1 centimètre des parois intérieures du tambour. A une extrémité est une trémie qui fournit le grain, et, à l'autre, une ouverture où sort le Blé.

4° **Emploi de la chaleur.** — La chaleur est le plus avantageux des agents de destruction du Charançon et des autres insectes du Blé.

Les expériences faites par Duhamel à la Société d'agriculture du Cher ont établi d'une manière évidente les avantages de la chaleur. Son emploi exige quelques précautions pour éviter que le grain ne soit brûlé ou que sa température ne s'élève au-dessus des conditions compatibles avec la conservation de ses qualités nutritives. La dessiccation du Blé a comme inconvénient de faire perdre un certain volume au grain, ce qui constitue une perte pour le cultivateur qui vend son Blé à la mesure ; mais ce léger inconvénient est largement compensé par la certitude d'assurer la conservation du grain.

Il est un point sur lequel les auteurs ne sont pas d'accord : c'est de savoir à quelle température exacte les insectes, les œufs et les larves sont tués. Les uns vont jusqu'à 65°, les autres prétendent que 50° suffisent pour assurer la destruction des œufs et des larves.

J'ai institué un certain nombre d'expériences à ce sujet ; je les ferai connaître plus loin, en décrivant la méthode de destruction du Charançon.

Les appareils connus, utilisant l'action nocive de la chaleur, sont les suivants :

1° Appareil Herpin (chaufournage) ;
2°   —   Duhamel, de Montceau ;
3°   —   Herpin, de Metz ;

4° Appareil Cadet, de Vaux ;
5°   —   Vergier ;
6°   —   Terrasse-Desbillons ;
7°   —   —   —   modifié par Doyère.

APPAREIL HERPIN. — *Méthode du chaufournage.* — On enfourne le Blé dans des caisses en bois blanc de la contenance de 1 hectolitre, ayant 1 mètre à 1^{m}20 de long, 30 à 50 centimètres de large et 20 à 30 centimètres de hauteur. Le fond de la caisse est en toile métallique assez forte ; il est cintré par dessus, de manière à former une voûte très surbaissée. Des roulettes et des poignées permettent une manipulation facile. Un four ordinaire peut contenir cinq ou six caisses. On peut remuer le grain et s'assurer de la température à laquelle il est porté.

APPAREIL DUHAMEL, DE MONTCEAU (1753). — Duhamel dessèche les grains pour éviter leur échauffement et les ravages des insectes. Il dessèche par un courant d'air chaud les grains en couches de 20 centimètres à 62°5 pendant seize heures. La température de 62° n'altère pas, selon lui, les facultés germinatives.

APPAREIL HERPIN, DE METZ. — Dans un fourneau de forme oblongue, on dispose un tube de tôle méplat, ouvert aux deux bouts, de 5 centimètres de large et incliné d'environ 40 centimètres pour 1 mètre de longueur de tube ; la partie supérieure communique avec une trémie contenant le grain qui s'échappe par un tiroir.

On fait passer le Blé à plusieurs reprises dans le tube chauffé, de façon qu'il n'augmente chaque fois que de 12 à 15° ; on l'amène ainsi vers 55 — 60°.

Cet appareil ne brûle pas le Blé ; il est simple et peut être installé l'hiver à l'intérieur de la maison où le cultivateur peut passer son Blé tout en se chauffant. Son gros inconvénient est d'exiger plusieurs passages et un manque absolu de précision, quant à la température à laquelle est porté le grain.

APPAREIL CADET, DE VAUX. — Le brûloir de M. Cadet, de Vaux, consiste en un cylindre en tôle, tournant horizontalement sur son axe, au-dessus d'un fourneau incandescent. C'est un appareil en tous points semblable à celui dont se servent les épiciers pour griller le café.

Cet appareil a été abandonné en raison de la grande dépense de charbon et de l'inconvénient auquel on est exposé de griller le Blé.

APPAREIL DU Dr VERGIER, D'ARGENTON-SUR-CREUSE. — L'appareil est utilisable pour le Charançon et les autres insectes qui attaquent les récoltes. Un premier modèle est destiné aux petites exploitations. A la partie supérieure est une trémie que l'on doit tenir constamment pleine de Blé. De cette trémie, le Blé tombe dans un cylindre vertical fixe, où se trouvent deux serpentins, renfermant de la vapeur d'eau venant d'un générateur quelconque.

A la partie inférieure du cylindre est une hélice à axe horizontal qui agite sans cesse le Blé; ainsi tous les grains sont soumis successivement à une même température. Un thermomètre intérieur permet de régler l'élévation. L'eau provenant de la vapeur condensée s'écoule par un robinet inférieur.

Pour les grandes exploitations, les serpentins sont remplacés par un cylindre concentrique enveloppant celui qui contient les grains ; dans cette enceinte passe la vapeur d'eau et on ne laisse tomber le Blé de la trémie que lorsque la vapeur a amené les parois du cylindre destiné à recevoir le grain, à la température de 100° environ. Lorsque le cylindre intérieur est à moitié rempli, on le ferme avec un couvercle horizontal. Un axe commun met les deux cylindres en rotation, de sorte que les grains sont tour à tour échauffés contre les parois : la température s'est d'ailleurs abaissée jusqu'à 50 ou 60° lors de l'introduction du Blé froid. Après 4 à 6 minutes de cette rotation, on vide le grain dans un baquet inférieur où on l'entasse pour entretenir la chaleur le plus longtemps possible et tuer ainsi plus sûrement les insectes.

APPAREIL TERRASSE-DESBILLONS. — C'est un cylindre long de 2 mètres, formé de cinq vis d'Archimède concentriques et placé dans une chambre en plâtre et en bois. Un fourneau est placé sous le cylindre auquel il communique sa chaleur. Le Blé précipité dans ce cylindre parcourt avec rapidité les vis d'Archimède, allant de la vis intérieure à celle qui, tournant à la surface du cylindre, est la plus rapprochée du foyer.

APPAREIL TERRASSE-DESBILLONS, MODIFIÉ PAR DOYÈRE. — M. Doyère construit le cylindre en toile métallique ; le fourneau n'est point placé dans la chambre où se trouve le cylindre ; il en est séparé par une cloison mobile qui permet de régler la quantité d'air chaud que l'on veut fournir à l'étuve. Le Blé, en quittant le cylindre, s'emmagasine pour un instant dans une sorte de réservoir où est plongé le thermomètre qui indique la chaleur que le Blé a contractée.

5° Destruction dans les silos. — Le principe consiste à enfermer le grain dans une capacité close où la respiration des grains dégage de l'acide carbonique qui ne permet plus la vie des insectes.

Cette coutume est très ancienne ; elle existait chez les Romains et on la retrouve chez les Hindous, les Chinois, les Maures d'Espagne.

L'emploi des silos a été préconisé en France par d'Arcet en 1841. Malheureusement, certains terrains se prêtent seuls à la construction des silos et les grains s'y conservent très mal lorsqu'ils sont humides.

Doyére, en 1856, construisit des silos métalliques en tôle, enfermés dans un revêtement de maçonnerie ou dans le sol. La conservation ne peut être assurée que si le grain ne renferme pas plus de 14 à 15 p. 100 d'eau.

Les silos métalliques ont été conseillés par Haussmann (1861), Louvel (1864), Coignet (1868).

On peut les employer en y versant du sulfure de carbone ou en enduisant l'intérieur de coaltar ou de goudron.

6° Destruction par les oiseaux. — On a proposé de mettre dans les greniers des oiseaux exclusivement insectivores.

On peut enfermer des poules dans les greniers en ne leur donnant que de l'eau.

7° Destruction par les insectes. — Un insecte hyménoptère vert bleuâtre, *Pteromalus Tritici* pond ses œufs dans les larves des Charançons et les détruit.

Deux autres espèces détruisent le Charançon, ce sont : *Sylvanus fermentarius*, coléoptère brun, allongé et plat, et *Trogosita mauritanica* ou Cadelle.

III. — NOUVEAU PROCÉDÉ DE DESTRUCTION DU CHARANÇON

Le procédé que je préconise a pour base l'action destructive de la dessiccation à chaud, augmentée de celle de l'action mécanique provoquée par les chocs répétés.

La mise à jour de ce procédé est la conséquence des résultats obtenus en étudiant l'action de la chaleur sur le Charançon.

J'examinerai donc au préalable cette question.

A. — De la résistance à la chaleur du charançon adulte, de ses œufs et de ses larves

Charançon adulte. — Pour rechercher quelles étaient les températures critiques pour le Charançon adulte, j'ai pris des insectes vivants que j'ai introduits dans des tubes à essais.

Chaque tube contenait dix Charançons bien vivants. Je les ai soumis à différentes températures dans les conditions exposées par le tableau suivant :

(Je ferai remarquer de suite que toutes les expériences qui vont suivre ont été faites au moyen d'une étuve à huile d'un modèle spécial, de la plus grande précision et dans laquelle les variations de températures les plus minimes sont très facilement perceptibles.)

NOMBRE DE CHARANÇONS VIVANTS	TEMPÉRATURE à laquelle ils sont portés	DURÉE de l'expérience	RÉSULTATS
10	10°	10 minutes	10 vivants
10	10°	15 —	10 —
10	10°	20 —	10 —
10	40°	30 —	10 —
10	50°	5 —	10 —
10	50°	10 --	10 morts
10	60°	10 —	10 —
10	60°	15 —	10 —

De cette expérience, il résulte que la limite inférieure à laquelle sont tués les Charançons est de 50° pendant dix minutes.

J'ai précisé les conditions de destruction par l'expérience suivante :

3 tubes de dix Charançons chacun ont été portés dix minutes

à 45°   46°   47°

Tous les Charançons sont restés vivants.
3 tubes ont été portés à 48° — dix minutes — tous *morts*.
3 tubes ont été portés à 50° — dix minutes — tous *morts*.

CONCLUSION. — *Le Charançon adulte soumis à une température de 48° pendant dix minutes, est tué.*

Œufs et Larves. — Les expériences ont porté sur six lots de Blés charançonnés. Dans chaque cas, j'ai séparé les grains de Blé des Charançons adultes. Les échantillons d'expérience ne renfermaient donc plus que les œufs et les larves contenus dans les grains.

Je les ai soumis aux conditions indiquées par le tableau suivant :

TEMPÉRATURE	DURÉE de l'expérience	DATE de l'expérience	RÉSULTATS AU 20 JUIN 1905	NOMBRE des expériences
80°	30 minutes	6 Juin 1904	On n'observa aucun charançon adulte.	12
65°	15 —	22 Juillet 1901	—	3
60°	30 —	21 Juillet 1904	—	3
60°	15 —	3 Août 1904	—	3
55°	30 —	3 Août 1904	—	3
56°	15 —	21 Juillet 1904	On observe des charançons adultes.	3

Dans ce tableau, les résultats sont appréciés au bout de onze mois à un an. A l'heure actuelle (septembre 1906), les résultats sont identiques, c'est-à-dire après plus de deux années.

Tous les tubes témoins conservés en même temps que les tubes d'expérience renferment un nombre considérable de Charançons adultes ; les grains de Blé sont presque complètement détruits.

Je puis donc tirer de ces expériences la conclusion pratique suivante :

Une température de 60° prolongée pendant quinze minutes suffit à détruire les œufs et les larves enfermés dans les grains.

B. — Appareil pour la destruction du Charançon

Utilisant les données précédentes, j'ai cherché à adapter l'appareil d'assainissement des grains moisis à la destruction du Charançon.

Le courant d'air chaud qui circule dans l'appareil et qui

entre à 170°-200°, tue en très peu de temps tous les Charançons adultes ; on peut, si l'on veut, assurer plus rapidement leur destruction, en bouchant pendant quelques minutes l'orifice de sortie de l'air chaud : les insectes sont rapidement étouffés.

Quant aux grains eux-mêmes, ils s'échauffent lentement aux dépens de l'air dans lequel ils se meuvent. Dès qu'ils ont atteint la température de 60°, il suffit de les maintenir à cette température pendant quinze minutes pour réaliser la destruction des œufs et des larves. De plus, les chocs répétés produits par la chute des grains dans l'appareil agissent également sur les œufs et les larves à la façon des appareils dont j'ai donné la description plus haut.

A l'aide d'un de ces appareils de petites dimensions, j'ai traité, le 19 août 1904, trois litres de Blé charançonné. Les Charançons tués et séparés du Blé étaient au nombre de 13.172. Depuis cette époque, c'est-à-dire depuis plus de deux ans, il ne s'est pas développé un seul Charançon dans ce lot ; les grains sont dans le même état qu'au jour du traitement, ce qui démontre bien que tous les Charançons, à quelque état de développement que ce soit, ont été détruits.

Par contre, le témoin renferme un nombre considérable d'insectes et les altérations causées par ce parasite se sont notablement accentuées : à la partie inférieure du récipient contenant le Blé, on trouve une matière farineuse abondante, provenant de la désagrégation des grains par le Charançon.

J'ai fait un grand nombre d'expériences de cette nature, et toutes ont donné le même résultat.

Il est donc possible, à l'aide de l'appareil d'assainissement des grains, d'assurer la destruction du Charançon dans tous les grains attaqués.

Enfin, dans le but de retirer du lot traité les Charançons morts, dont la présence pourrait donner à la farine un goût désagréable, on peut ajouter à l'appareil le dispositif suivant :

Dans l'axe du cylindre, est placée une gouttière métallique couverte d'une grille en forme de toit et à mailles suffisamment larges pour laisser passer les Charançons, mais assez étroites pour ne pas laisser passer de Blé. Tout le contenu de l'appareil venant se déverser sur cette grille pendant l'opération, les Charançons sont recueillis dans cette gouttière et le Blé se trouve ainsi débarrassé des cadavres de ces insectes.

En général, la vitesse du courant d'air chaud entraine une grande quantité d'insectes hors de l'appareil ; on peut, du reste, en débarrasser les grains par tous les procédés habituels de séparation, tarares, secoueurs, etc., etc. : la solution de la question ne présente aucune difficulté.

BIBLIOGRAPHIE DU CHARANÇON

(Ouvrages Consultés)

Brehm. — *Les Insectes*, 1882, t. I. p. 311.

Er. Menault. — *Insectes nuisibles à l'agriculture*. 1866, p. 8.

Dr Sériziat. — *Histoire des Coléoptères de France*, 1880, p. 291.

Barral. — *Dictionnaire de l'Agriculture*.

Payen. — *Chimie industrielle*, p. 375.

A. Girard et Lindet. — *Le froment et sa mouture*.

A. Desmoulins. — *Conservation des produits agricoles*.

Journal de l'Agriculture (Barral), 1887, t. II, p. 359 ; 1889, t. II, p. 280 ;
1888, t. I. p. 720 ; 1885, t. II. p. 500.

Journal d'Agriculture pratique (Barral).

1855, t. I, p. 296.	1891. t. I, p. 422.
1856, t. I. p. 68-69.	1891. t. II. p. 468.
1883, t. II, p 894.	1892, t. I, p. 249.
1884, t. II, p. 67.	1893. t. II, p. 207, 348.
1885, t. I, p. 719.	1894, t. I. p. 871.
1885, t. II, p. 283.	1896. t. II, p. 197. 505.
1886, t. II, p. 107, 388, 602.	1898. t. II, p. 316, 612.
1887, t. II, p. 603.	1899, t. I, p. 837.
1888. t. II, p. 286, 759.	1900, t. II, p. 266.
1889. t. II, p. 251.	1900. t. I, p. 533. 836.
1890, t. II, p. 460.	1903, n° 41, p. 120, 189, 466.

CONCLUSIONS GÉNÉRALES

1° Il existe une altération des grains et des fourrages qui les fait désigner sous le nom de grains et de fourrages *moisis*.

2° Cette altération se différencie nettement par son caractère d'odeur et ses caractères objectifs, de toutes les altérations des grains et des fourrages décrites à l'heure actuelle. Elle est caractérisée par la formation à la surface des substances altérées d'une culture blanche pulvérulente, dans laquelle il est impossible de distinguer à l'œil nu des rameaux aériens portant des fructifications ; elle dégage une odeur caractéristique de *moisi*.

3° L'altération est causée par le développement d'une Streptothricée : le *Streptothrix Dassonvillei*, espèce distincte des Streptothrix actuellement décrits.

4° Ce Streptothrix est extrêmement répandu dans la nature. Son action ne se limite pas aux grains et aux fourrages ; il est capable d'altérer les substances les plus diverses, végétales ou animales, en leur communiquant l'odeur de *moisi*.

5° Ce Streptothrix offre une faible résistance à la chaleur ; son développement optimum a lieu sur les substances albuminoïdes avec production d'Ammoniaque, ce qui conduit à penser qu'il est sans doute un des agents de transformation dans la nature de l'Azote organique en Azote ammoniacal.

6° On peut enlever *l'odeur de moisi* des grains qui les rend inconsommables, en leur faisant subir un traitement dans un appareil spécial. L'odeur de moisi, volatile, est éliminée hors de l'appareil en même temps que le Streptothrix détruit par l'action de l'air chaud entre 170 et 200°. Les grains, au sortir de l'appareil, ont repris leur luisant, n'ont plus de mauvaise odeur et sont redevenus propres à la consommation.

7° L'appareil de traitement des grains moisis peut être utilisé pour assurer la conservation des grains. L'action stérilisante de l'air chaud détruit tous les parasites végétaux ou animaux (Charançon, Aleucites, etc.), en même temps qu'elle enlève l'excès d'humidité des grains.

* *
*

  Ces recherches ont été entreprises sur les indications de mon collègue et ami M. le Vétérinaire en 1er Dassonville, et sous sa direction, dans son service, au Laboratoire d'étude des conserves à l'Institut Pasteur de Paris. Je lui adresse mes bien vifs remerciements.

  Envoyé en garnison à Nancy au cours de l'année dernière, j'ai pu les terminer au Laboratoire de Botanique agricole de la Faculté des Sciences, où M. Gain m'a fait un accueil extrêmement bienveillant et cordial, dont je lui suis très reconnaissant.

Vu et approuvé : Paris, le 11 Janvier 1907.
Le Doyen de la Faculté des Sciences,
Paul **APPELL**.

Vu et permis d'imprimer :
Paris, le 11 Janvier 1907.
Le Vice-Recteur de l'Académie de Paris,
L. **LIARD**.

TABLE DES MATIÈRES

DEUXIÈME THÈSE

PROPOSITIONS DONNÉES PAR LA FACULTÉ

PHYSIOLOGIE GÉNÉRALE. — Sur les Oxydases et la Tyrosinase.

GÉOLOGIE. — Le Trias de Lorraine.

Vu et approuvé : Paris. le 11 Janvier 1907.

Le Doyen de la Faculté des Sciences,

Paul APPELL.

Vu et permis d'imprimer :

Paris. le 11 Janvier 1907.

Le Vice-Recteur de l'Académie de Paris.

L. LIARD.

IMPRIMERIES RÉUNIES DE NANCY

PLANCHE I

EXPLICATION DE LA PLANCHE I

FIGURE 1

Touffe de Streptothrix provenant d'une culture sur gélose.

FIGURES 2 ET 6

a. — Filaments et formes bacillaires libres.
b. — Formes bacillaires en place dans le filament.

FIGURES 3 ET 4

Formes de fragmentation.

FIGURE 5

Touffe provenant d'une culture jeune en goutte pendante (en bouillon peptone).

FIGURES 7 ET 9

Formes de dégénérescence.
c — à deux rangs de granulations.
d — à un seul rang de granulations.

FIGURE 8

Formes oospora.

Grossissements

Microscope Stiassnie (objectif $^1/_{12}$, oculaire 1). Sauf pour fig. 3. fig. 4. fig. 2 et 6 (*b*) [obj. $^1/_{12}$, oc. comp. 12], fig. 8 (obj. $^1/_{12}$, oc. comp. 6).

PLANCHE I

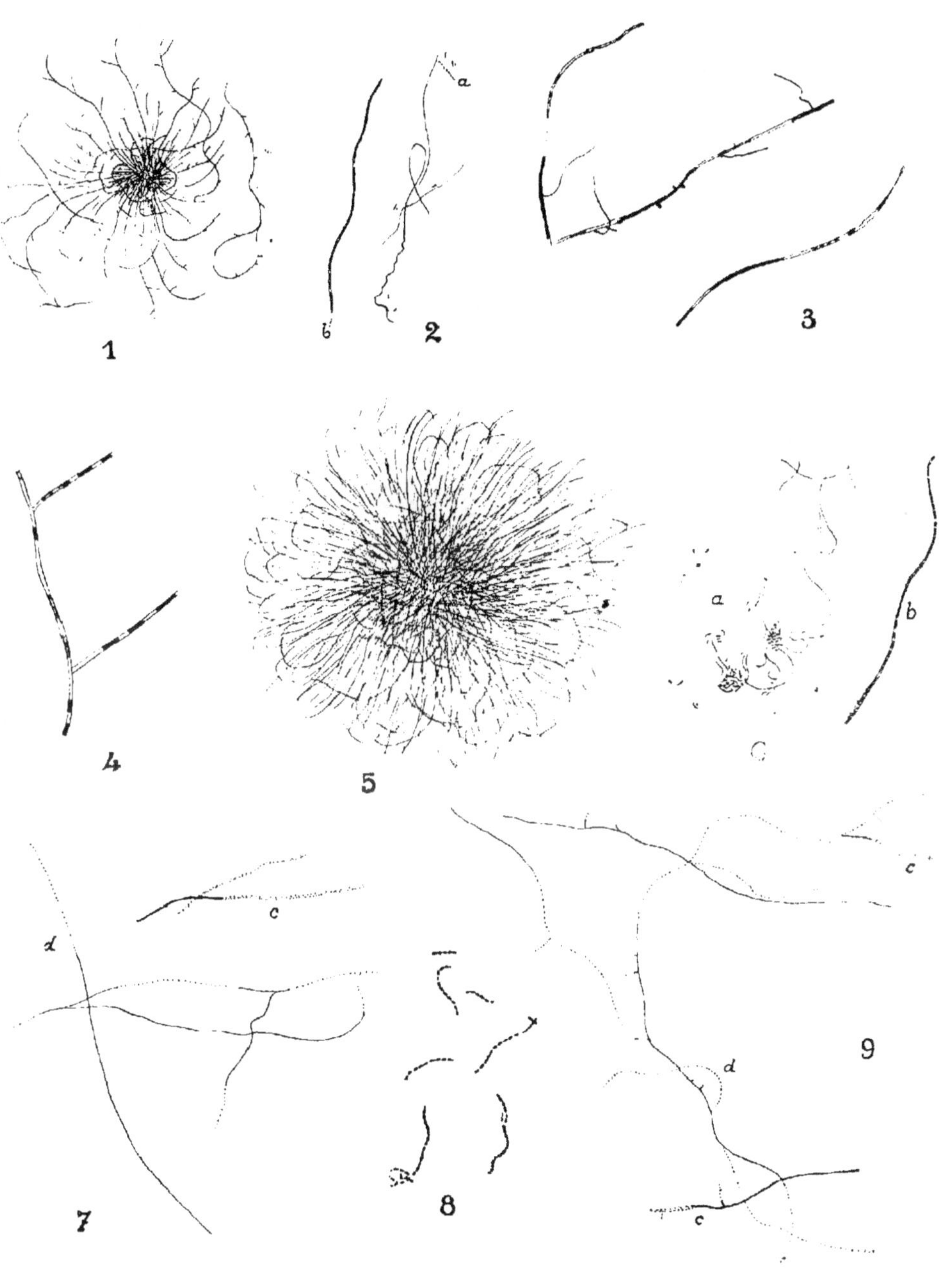

Brocq-Rousseu del.   Streptothrix Dassonvillei   Berlin sc.

PLANCHE II

EXPLICATION DE LA PLANCHE II

FIGURE 1

Touffe de Streptothrix.

On aperçoit des filaments mycéliens ondulés, ramifiés et en
certains endroits des filaments formant une ligne brisée.
Provenant d'une culture en bouillon peptone.

Grossissement 1125.

FIGURE 2

Formes de dégénérescence.

On voit que le protoplasma des filaments est contracté en
différents points sur des longueurs très inégales.
Provenant d'une culture âgée en bouillon peptone.

Grossissement = 2250.

*Les clichés photographiques de ces différentes formes du Strepto-
thrix ont été faits par M. le Dr Burais, qui très gracieusement m'a
prêté son précieux concours. Je l'en remercie bien vivement.*

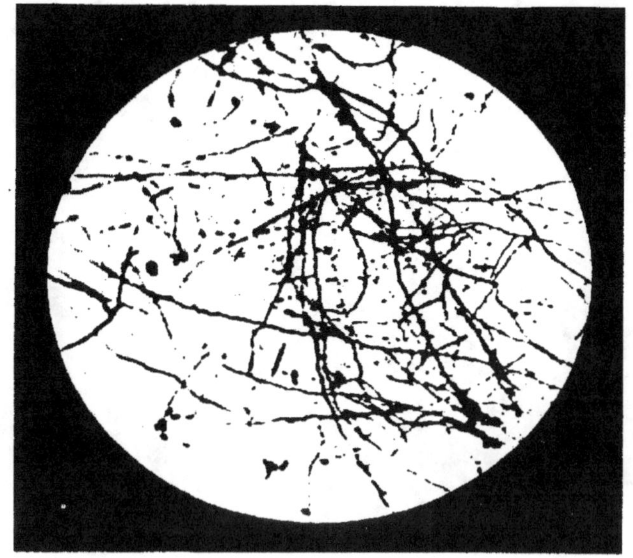

Fig. 1

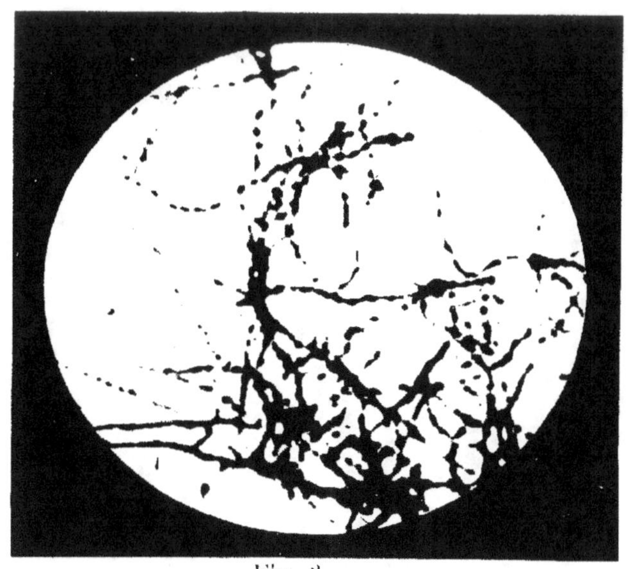

Fig. 2

STREPTOTHRIX DASSONVILLEI

PLANCHE III

EXPLICATION DE LA PLANCHE III

FIGURE 1

Formes bacillaires.

On voit très nettement ces formes bacillaires disséminées
dans le champ de la préparation, et réunies en amas
compacts en certains points.
Provenant d'une culture sur gélose.

Grossissement — 1125.

FIGURE 2

Formation des formes bacillaires.

On voit dans cette préparation des formes bacillaires libres
et ces mêmes formes en place sur le trajet d'un filament
indiquant ainsi leur mode de production.
Provenant d'une culture sur gélose.

Grossissement — 1125.

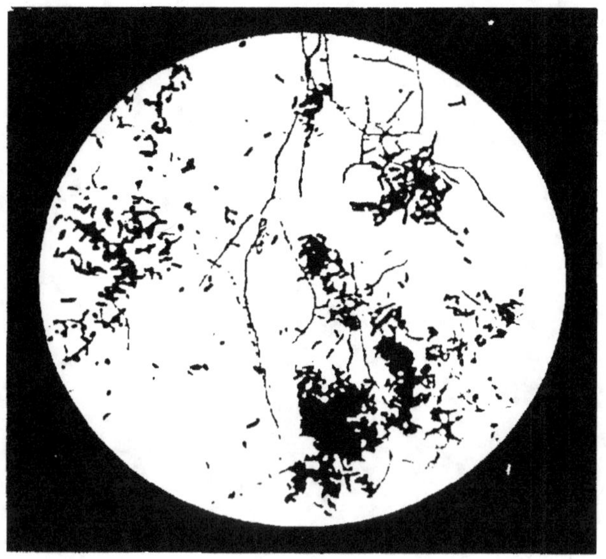

Fig. 1

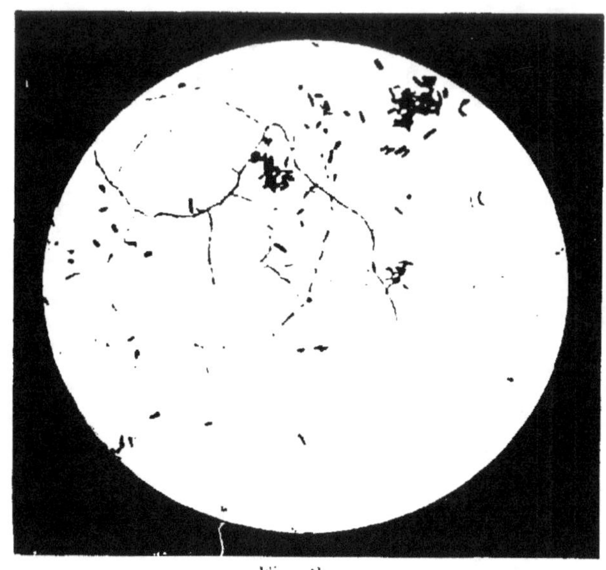

Fig. 2

STREPTOTHRIX DASSONVILLEI

PLANCHE IV

EXPLICATION DE LA PLANCHE IV

FIGURE 1

Formes oospora.

On voit très nettement les chapelets de spores ovales.
Provenant d'une culture sur grain d'orge.

Grossissement = 1250.

FIGURE 2

On voit sur ce cliché, obtenu par une mise au point non
rigoureusement exacte, la formation des spores.

Grossissement = 1250.

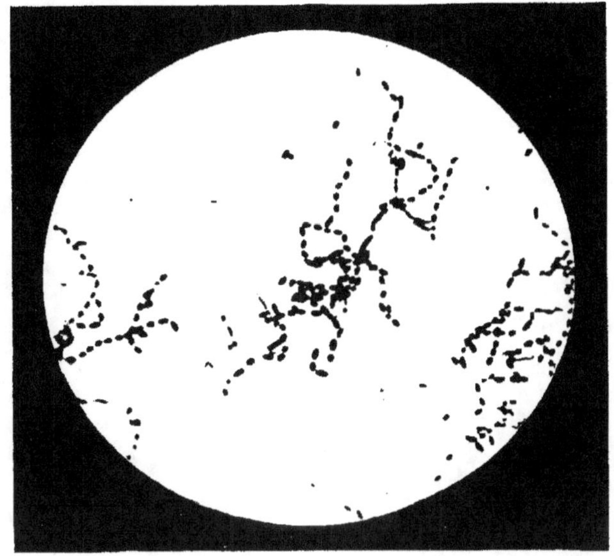

Fig. 1

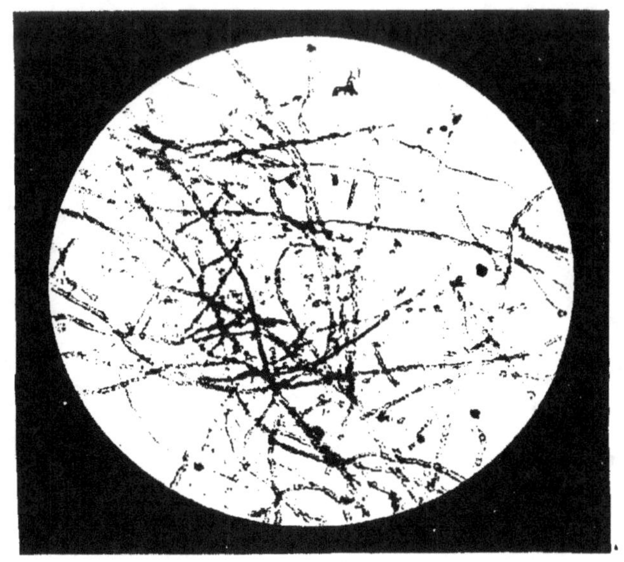

Fig 2

STREPTOTHRIX DASSONVILLEI

PLANCHE V

EXPLICATION DE LA PLANCHE V

FIGURE 1

Coupe d'une efflorescence.

Cette préparation montre la partie supérieure de la coupe, correspondant à la partie de l'efflorescence à l'air libre. On voit que toute cette portion est constituée par un amas de spores.

Grossissement = 625

FIGURE 2

Coupe de la même efflorescence.

On voit dans cette préparation la partie inférieure de la coupe, correspondant à la portion de l'efflorescence en contact avec le bouillon. On distingue des filaments à la partie inférieure et au-dessus des filaments en voie de sporulation.

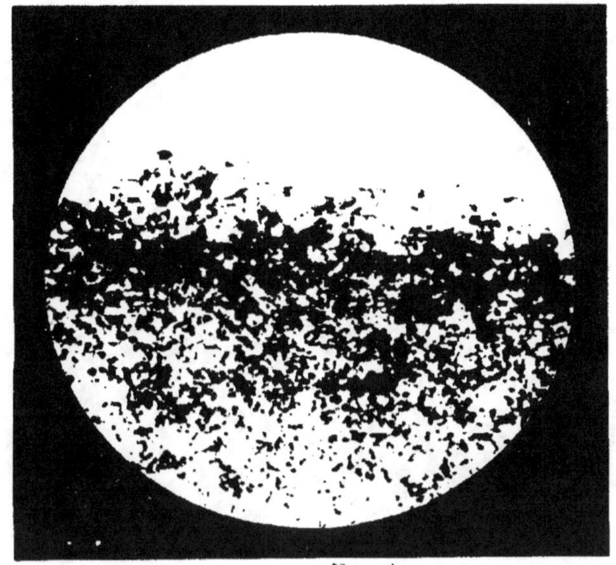

Fig. 1

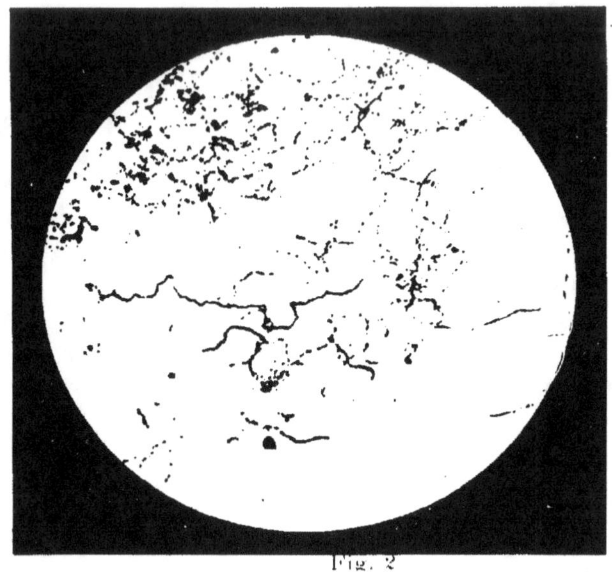

Fig. 2

STREPTOTHRIX DASSONVILLEI

PLANCHE VI

EXPLICATION DE LA PLANCHE VI

Appareil discontinu de traitement des grains moisis

Élévation

A. — Cylindre dans lequel sont introduits les grains à traiter.
M. — Un des piliers supportant l'appareil.
L. P. D. — Poulies de transmission du mouvement.
E. H. — Galets sur lesquels roule le cylindre.
C. — Tuyau amenant l'air chaud dans le cylindre.
B. — Calorifère.
V. — Ventilateur.
I. — Caisse destinée à recevoir les résidus du traitement.
F. — Porte mobile pour l'entrée et la décharge des grains.

Plan

Mêmes lettres que ci-dessus.

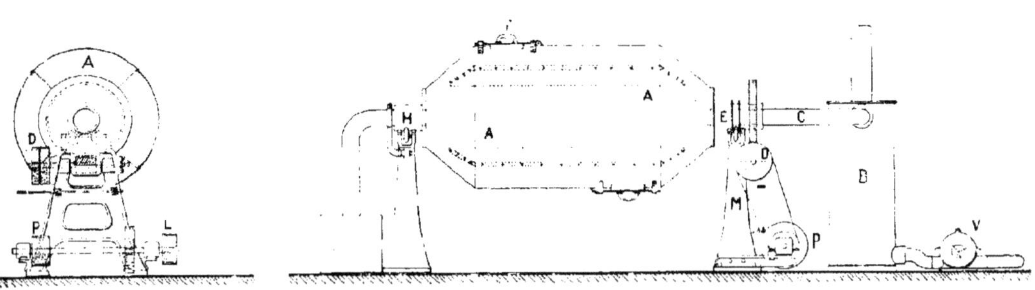

ÉLÉVATION

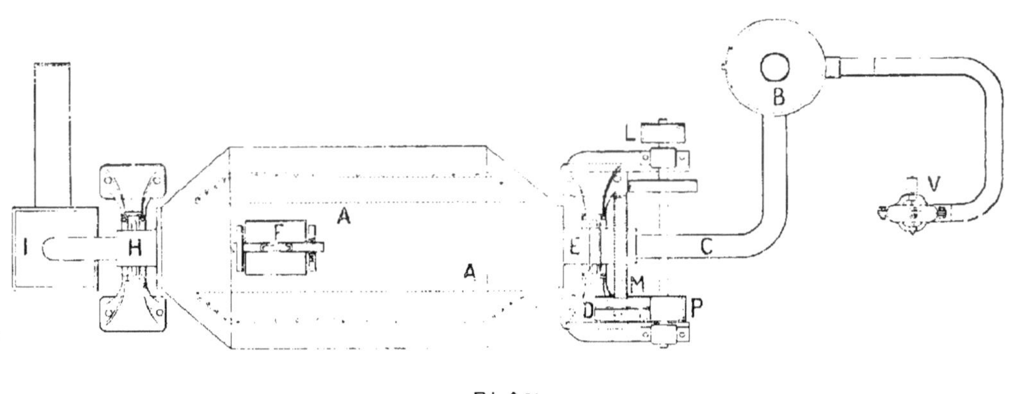

PLAN

APPAREIL DE TRAITEMENT DES GRAINS MOISIS

(SYSTÈME DISCONTINU)

PLANCHE VII

EXPLICATION DE LA PLANCHE VII

Appareil continu de traitement des grains moisis

Le cylindre a été coupé sur le dessin entre *cd* et *ef*, pour ne pas allonger inutilement ses proportions.

Les coupes *cd* et *ef* montrent le décalage des ailettes de l'intérieur du cylindre, destinées à assurer le cheminement des grains vers l'extrémité droite de l'appareil.

La coupe inférieure *ab* montre la disposition du cylindre tournant sur deux galets et les vérins destinés à monter ou à descendre l'extrémité gauche de l'appareil, pour assurer l'inclinaison nécessaire.

La coupe de l'autre extrémité montre la vis sans fin engrenant sur le cylindre de façon à lui donner le mouvement de rotation autour de son axe.

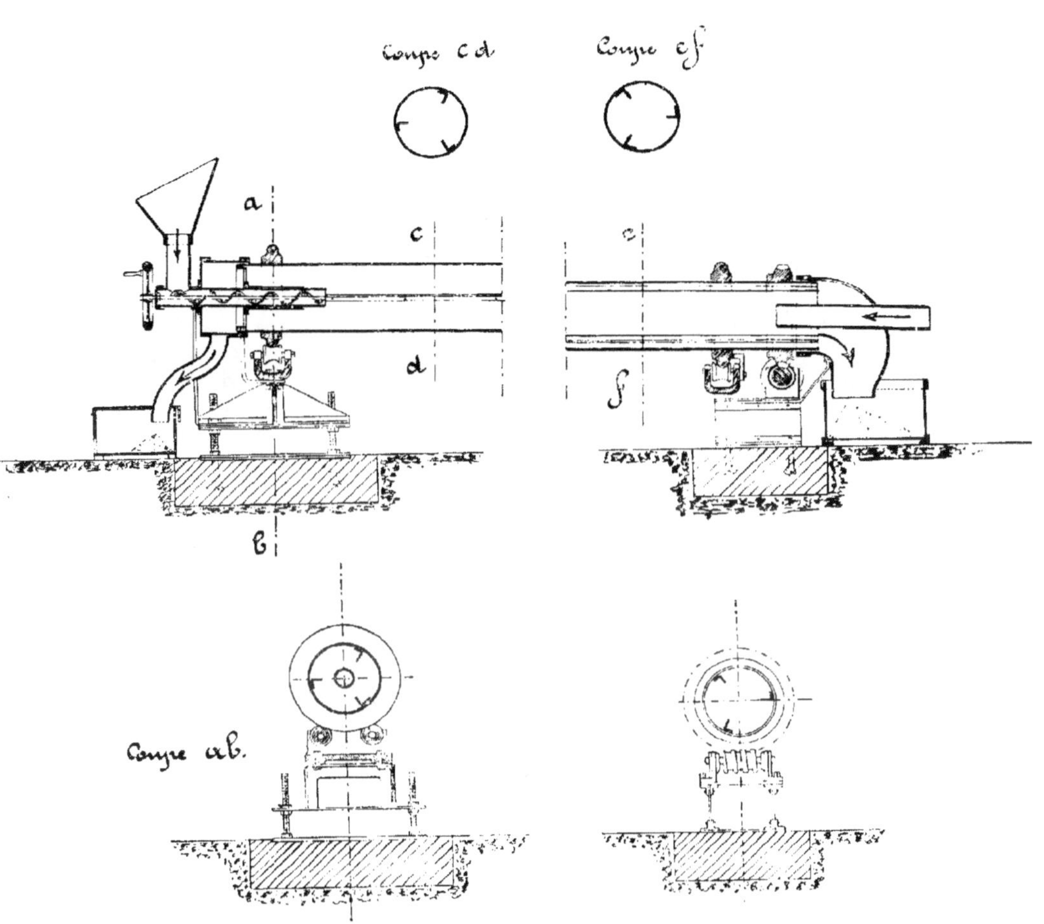

APPAREIL DE TRAITEMENT DES GRAINS MOISIS

(SYSTÈME CONTINU)